高等教育自学考试同步辅导用书

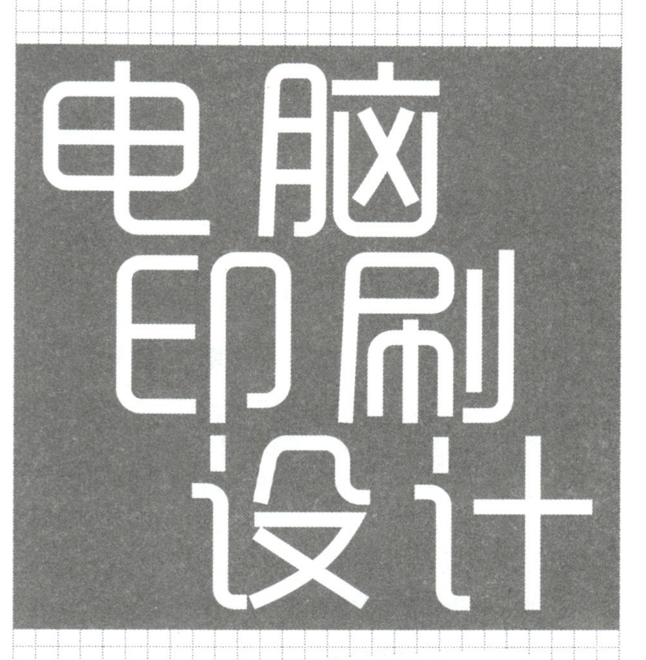

电脑印刷设计

课程代码 10132

组　编◆麦能网自考研究中心
主　编◆赵　丽
副主编◆戎乔华

中国海洋大学出版社
·青岛·

图书在版编目（CIP）数据

电脑印刷设计 / 赵丽主编. — 青岛：中国海洋大学出版社，2019.1

高等教育自学考试同步辅导用书

ISBN 978-7-5670-2319-2

Ⅰ. ①电… Ⅱ. ①赵… Ⅲ. ①印刷—计算机应用—高等教育—自学考试—自学参考资料 Ⅳ. ①TS801.8

中国版本图书馆 CIP 数据核字（2019）第 168312 号

出版发行 中国海洋大学出版社
社　　址 青岛市香港东路 23 号　　邮政编码 266071
出 版 人 杨立敏
策 划 人 王　炬
网　　址 http://pub.ouc.edu.cn
电子信箱 tushubianjibu@126.com
订购电话 021-51085016
责任编辑 由元春　　电　　话 0532-85901092
印　　制 浙江开源印务有限公司
版　　次 2019 年 10 月 第 1 版
印　　次 2019 年 10 月 第 1 次印刷
成品尺寸 185 mm×260 mm
印　　张 7.5
字　　数 145 千
印　　数 1～9000
定　　价 45.00 元

前言

本书是全国高等教育自学考试视觉传达设计专业开设的《电脑印刷设计》课程的配套辅导书，较全面、系统地覆盖了自考教材《电脑印刷设计》（刘扬，第3版）八章内容的重点和难点。本书在编写之前，对自考政策、最新考纲以及考生的需求进行了深入研究与分析，形成了实用性极强的内容体系，真正做到了学与练的充分结合，是考生学习和教师授课的制胜法宝。

在内容上，本书主要分为三个模块。

第一个模块是“理”。本书整体脉络清晰，对每个考点进行系统梳理，以便考生快速抓住考试重点，做到事半功倍。

第二个模块是“讲”。依托考纲和历年真题把握出题规律，揣摩出题意图，精确提炼考点，并标明考点在教材上的对应页码，以便快速检索，从而使考生的学习更具有系统性、针对性和高效性。

第三个模块是“练”。在考点解读的基础上，配备同步练习和章节训练，方便学生自测、自查，强化学习效果。

尽管在成书之前，作者反复审读、质疑、推敲、修改，但书中难免有疏漏之处。我们申明：书中的不足处我们将及时修订，也望广大读者提出宝贵意见。

麦能网自考研究中心

2019年3月

目 录

第一章　认识印刷

印刷的传承与发展

知识框架

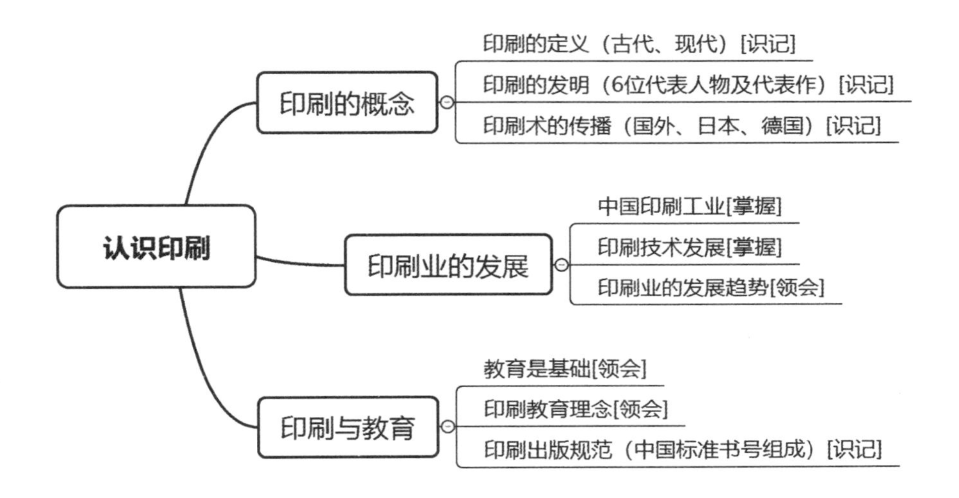

第一节　印刷的概念

考点一　印刷的定义（第 2 页）

【单选】印刷一词来源于我国隋唐早期。“印刷”一词分为：“印”，包含印版与纸；“刷”，包含色料与压力。

【名词解释】印刷：使用印版或其他方式，将原稿或载体上的文字和图像信息，借助于油墨或色料，批量地转移到纸上或其他承印物表面的技术。

考点讲解

考点二　印刷的发明（第 2 ~ 3 页）

【单选 / 填空 / 判断】古代印刷发展历程（表 1-1）。

表 1-1　古代印刷发展历程

时期	代表人物、代表作、印刷工艺
造纸术	印刷被誉为人类的“文明之母”，但其发明是以造纸的出现为前提

续表

时期	代表人物、代表作、印刷工艺
早期书写材料	用竹片写的叫“简策”，用木板做载体进行书写的叫“版牍”
世界上第一幅泥活字	毕昇首创泥活字，活字的制作包括拣字、排版、印刷、拆版、还字等工序
公元 105 年	蔡伦用树皮、麻头等植物做原料制成“蔡侯纸”
公元 7 世纪	唐朝初期佛教流行抄写经文，汉字不断演变规范，纸、笔、墨等工具不断改进，盖印、拓印技术成熟，印刷具备初型
公元 868 年 人类历史出现最早的印刷品	① 雕版印刷《金刚经》标志着雕版印刷术发展完善，此技术于 9 世纪普及。《金刚经》是人类历史上出现最早的印刷品。 ② 雕版印刷术是由盖印和拓石两种方法发展而形成的，是一种从反刻阳文的整版，经过翻印而获得正写文字或图样的印刷术
公元 1234 年	崔怡用铸字印刷了《详定礼文》28 本，这是世界上最早的金属活字印刷品
公元 1297 年	王祯创制木活字与转轮排字法，写成“选活字印事法”
印刷用墨	追溯到中国远古时代，最初是由煤烟制成墨来印刷的。 现代印刷四色，青（C）、品红（M）、黄（Y）、黑（K）。第三章详细介绍

同步练习

【2018 年 4 月 • 单选】公元 1297 年，（　　　）创制木活字与转轮排字法。

A. 毕昇　　B. 王祯

C. 华燧　　D. 谷腾堡

【答案】B（第 3 页）

考点三　印刷术的传播（第 3 页）

【单选】公元 7 世纪开始向国外传播，朝鲜留学生带走大批书籍和雕版，仿照毕昇泥活字印书。

【单选】公元 770 年，日本刻印的《无垢净光经根本陀罗尼》由中国东渡和尚鉴真带到日本。

【单选】公元 13 世纪，中国印刷术传入伊朗。

【单选】现代印刷术的创始人是德国的谷腾堡，他发明的铅合金活字印刷术，将承印方式由“刷印”变为“压印”。但是比毕昇泥活字和王祯木活字分别晚了约 400 年和 50 年。

同步练习

【2017 年 10 月 · 单选】我国印刷术发明后，公元（　　）开始向国外传播。

A. 5 世纪　　B. 6 世纪

C. 7 世纪　　D. 8 世纪

【答案】C（第 3 页）

第二节　印刷业的发展

考点一　中国印刷工业（第 3 页）

【单选】中国印刷工业发展史（表 1-2）。

表 1-2　中国印刷工业发展史

时间	发展史
19 世纪	西方“近代印刷术”以传教的方式传播到我国
1807 年	铅活字印刷术传入我国
1819 ～ 1823 年	英国人马礼逊第一次用汉字铅活字印出了一部《新旧约圣经》
1838 年	英国人台约尔制成了第一套汉字铅字字模
1844 ～ 1846 年	宁波美华书馆姜别利继承戴尔始创电铸汉字字模
1860 年	姜别利改进汉字排字架，以《康熙字典》部首检字法分部编排
1900 年	上海徐家汇天主教堂所属土山湾印书馆在中国最早使用照相制版术
1904 年	京师陆军测绘学堂开设了制版印刷班
1933 年	创办了北平新闻专科学校
1935 年	上海成立中国印刷学会，同时出版会刊《中国印刷》
新中国成立后	印刷工业空前发展。设置了出版总署，成立了人民出版社、新华书店总店、新华印刷厂。淘汰铅字印刷工艺（凸版），印刷工业逐步被激光照排、平版胶印代替

考点二　印刷技术发展（第 3 ～ 4 页）

考点讲解

【单选】桌面出版系统（DTP）最初是在 1985 年由美国人波导 · 希莱纳得提出的。

【名词解释】彩色桌面出版系统：能够完成图像录入、文字管理、图像编辑、版面设计、图文合成、图文输出的桌面处理技术。

【单选】彩色桌面系统由计算机主机、输入设备、输出设备、存储设备及通信设备五部分组成。

同步练习

【2017 年 10 月 · 单选】英文简写 DTP，中文含义是（　　）。

A. 计算机直接成像　　B. 计算机直接制版

C. 栅格图像处理器　　D. 桌面出版系统

【答案】D 计算机直接成像（简称 DI），计算机直接制版（简称 CTP），栅格图像处理器（简称 RIP），桌面出版系统（简称 DTP）。

考点三　印刷业的发展趋势（第 4 ~ 5 页）

【单选 / 简答】印刷业的发展趋势。

（1）电子商务——将印刷商、直接客户、制版商联系起来。

（2）色彩管理——高质量的复制离不开标准化的色彩管理。

（3）工作流程化——扫描—制作—检查—补漏白—拼大版—输出—打样—校对—签稿—印刷。

（4）数码打样——高效率、低成本的数码打样将成为主要的校样方式之一。

（5）加网技术——调幅网点与调频网点有机结合，可有效提高印刷品质。

（6）直接制版技术——消除胶片到印版带来的一系列问题，并让印刷版上的网点大小更准确，提高效率和质量。

（7）可变数据印刷——目前的印刷业，胶印印刷仍占主导，柔性版印刷逐步发展，印后加工自动化程度更高。

第三节　印刷与教育

考点一　教育是基础（第 5 ~ 6 页）

【单选】1953 年我国第一所高等印刷教育院校——上海印刷学校成立。

【单选】1960 年中国文化部创办了文化学院，开设了印刷系，后并入中央工艺美术学院。

【单选】1978 年，在原中央工艺美术学院印刷工艺系的基础上建立了北京印刷学院，是我国唯一的专门培养印刷人才的高等院校，20 世纪 90 年代后期，印刷设计专业在我国很多高校开设课程。

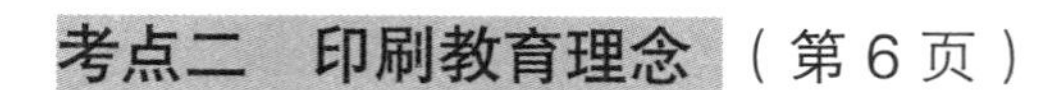

考点二 印刷教育理念（第 6 页）

【判断】印刷设计属于印刷教育的重要课程，也是现代设计艺术教育中一门具有传统性、综合性、多学科交叉的应用型课程。本课程在现代设计领域中，是知识综合性、媒介更新性、工艺规范性、社会市场应用性最广泛的设计形式。

【判断】印刷设计教育的课程内容与教学形式，是以认识印刷发展的历史状况与基本的理论知识，明确桌面印刷系统的设计程序和工艺规范，强调设计目标与视觉传达的创新品质，培养学生对设计形式语言的表达及掌握工艺审美的思辨能力和基本制作技能为教学目的的。

考点三 印刷出版规范（第 6 ~ 7 页）

【单选 / 多选】印刷出版物必须有版权页和条形码。

考点讲解

【名词解释】中国标准书号：是国际标准书号（简称 ISBN）系统的组成部分，为在中国的合法出版者所出版或制作的每一出版物及每一版本提供唯一确定的、国际通用的标识编码方法。

【单选 / 填空 / 判断】中国标准书号由：标识符 ISBN 和 13 位数字组成。

【名词解释】条码：作为中国标准书号的机读形式，是供计算机识别读取的符号。计算机通过扫描器扫描条码的条和空获得信息，识读出一串数字代码。

同步练习

【2017 年 10 月 • 单选】中国标准书号由标识符 ISBN 和（　　）位数字组成。

A. 10　　　　B. 11

C. 12　　　　D. 13

【答案】D（第 6 页）

章节训练

一、单项选择题

1. 我国发明的最早的印刷方式是（　　）。

A. 雕版印刷　　　　B. 蜡印

C. 活字印刷术　　　　D. 平版印刷

2. 1900 年，上海徐家汇天主堂所属土山湾印书馆在中国最早使用（　　）制版术。

A. 药水　　B. 分色

C. 照相　　D. 电子

3. 公元 1234 年，崔怡用铸字印刷了（　　）28 本，这是世界上最早的金属活字印刷品。

A.《详定礼文》　　B.《转轮排字法》

C.《金刚经》　　D.《中国印刷》

4. 公元770年，日本刻印的《无垢净光经根本陀罗尼》是中国东渡和尚（　　）带到日本的。

A. 谷腾堡　　B. 姜别利

C. 毕昇　　D. 鉴真

5. 宁波美华书馆（　　）继承戴尔始创电铸汉字字模，于 1860 年改进汉字排字架，以《康熙字典》部首检字法分部编排。

A. 谷腾堡　　B. 毕昇

C. 姜别利　　D. 鉴真

6. 新中国成立之初，设置了全国出版工作的国家机构——（　　），并成立了人民出版社、新华书店总店、新华印刷厂等。

A. 谷腾堡　　B. 出版总署

C. 发行社　　D. 鉴真

7. 桌面出版系统（DTP）最初是在 1985 年由美国人（　　）提出的。

A. 谷腾堡　　B. 罗伯斯

C. 鉴真　　D. 波导·希莱纳得

8. 我国印刷教育的发展：1953 年我国第一所高等印刷教育院校——（　　）成立。

A. 中国美术学院印刷学院　　B. 上海印刷学校

C. 北京印刷学院　　D. 中央美术学院

9. 追溯到中国远古时代，最初是由（　　）制成墨来印刷。

A. 胆汁　　B. 树皮

C. 煤烟　　D. 树脂

10. 1935 年在上海成立中国印刷学会，同时出版会刊（　　）。

A.《金刚经》　　B.《详定礼文》

C.《康熙字典》　　D.《中国印刷》

11. 1819 ～ 1823 年，英国人马礼逊第一次用汉字铅活字印出一部（　　）。

A.《新旧约圣经》　　B.《详定礼文》

C.《康熙字典》　　D.《中国印刷》

12. 作为中国标准书号的机读形式，（　　　）是供计算机识别读取的符号。

A. 版权页　　B. 目录

C. ISBN　　D. 条码

二、填空题

1. 印刷一词来源于我国隋唐时期。“印刷”一词分为：“印”，包含印版与__________；“刷”，包含色料与__________。

2. 印刷被誉为人类的“文明之母”，但其发明是以造纸的出现为前提；公元105年__________用树皮、麻头等植物做“__________”。

3. 用竹片写的叫“__________”，用木板作载体进行书写的叫“__________”。

4. 毕昇首创泥活字，活字的制作包括__________、排版、印刷、拆版、__________等工序。

5. 公元868年，雕版印刷《__________》标志着__________发展完善，此技术于9世纪普及，是人类历史上出现最早的印刷品。

6. 雕版印刷是用__________和__________两种方法发展而形成的，是一种反刻阳文的整版，经过翻印而获得正写文字或图样的印刷术。

7. 公元1234年，崔怡用铸字印刷了《__________》28本，这是世界上最早的__________印刷品。

8. 公元1297年，王桢创制__________与__________，写成“选活字印事法”。

9. 现代印刷术的创始人是德国的__________，他发明的铅合金活字印刷术，将承印方式由“刷印”变为“__________”。

10. 目前的印刷业，__________仍占主导，__________印刷逐步发展，印后加工自动化程度更高。

11. 印刷出版物必须有__________和__________。

12. 中国标准书号由标示符__________和__________位数字组成。

三、名词解释

1. 印刷

2. 雕版印刷术（古代）

四、简答题

1. 中国对印刷业的贡献有哪些？

2. 印刷出版的印刷品，有哪些出版规范？

3. 印刷业的发展趋势是什么？

4. 印刷设计的工作流程和内容有哪些？

参考答案及解析

一、单项选择题

1.【答案】A（第 3 页）

【解析】公元 868 年，雕版印刷《金刚经》标志着雕版印刷术发展完善，此技术于 9 世纪普及。《金刚经》是人类历史上出现最早的印刷品。

2.【答案】C（第 3 页）

【解析】1900 年，上海徐家汇天主堂所属土山湾印书馆在中国最早使用照相制版术。

3.【答案】A（第 3 页）

【解析】公元 1234 年，崔怡用铸字印刷了《详定礼文》28 本，这是世界上最早的金属活字印刷品。

4.【答案】D（第 3 页）

【解析】公元 770 年，日本刻印的《无垢净光经根本陀罗尼》是中国东渡和尚鉴真带到日本的。

5.【答案】C（第 3 页）

【解析】宁波美华书馆姜别利继承戴尔始创电铸汉字字模，于 1860 年改进汉字排字架，并以《康熙字典》部首检字法分部编排。

6.【答案】B（第 3 页）

【解析】新中国成立之初，设置了全国出版工作的国家机构——出版总署，并成立了人民出版社、新华书店总店、新华印刷厂等。

7.【答案】D（第 3 页）

【解析】桌面出版系统（DTP）最初是在 1985 年由美国人波导・希莱纳得提出的。

8.【答案】B（第 5 页）

【解析】我国的高等印刷教育始于 1953 上海印刷学校成立。

9.【答案】C（第 3 页）

【解析】追溯到中国远古时代，最初是由煤烟制成墨来印刷。

10.【答案】D（第 3 页）

【解析】1935 年在上海成立中国印刷学会，同时出版会刊《中国印刷》。

11. 【答案】A（第 3 页）

【解析】1819 ～ 1823 年，英国人马礼逊第一次用汉字铅活字印出一部《新旧约圣经》。

12. 【答案】D（第 7 页）

【解析】作为中国标准书号的机读形式，条码是供计算机识别读取的符号。

二、填空题

1. 【答案】纸、压力
2. 【答案】蔡伦、蔡侯纸
3. 【答案】简策、版牍
4. 【答案】拣字、还字
5. 【答案】金刚经、雕版印刷术
6. 【答案】盖印、拓石
7. 【答案】详定礼文、金属活字
8. 【答案】木活字、转轮排字法
9. 【答案】谷腾堡、压印
10. 【答案】胶印印刷、柔性版
11. 【答案】版权页、条形码
12. 【答案】ISBN、13

三、名词解释

1. 【答案】印刷是使用印版或其他方式，将原稿或载体上的文字和图像信息，借助于油墨或色料，批量地转移到纸上或其他承印物表面的技术。（第 2 页）

2. 【答案】雕版印刷术（古代）是用盖印和拓石两种方法发展而形成的，是一种反刻阳文的整版，经过翻印而获得正写文字或图样的印刷术。（第 3 页）

四、简答题

1. 【答案】（1）印刷被誉为人类的“文明之母”，其发明是以造纸的出现为前提。

（2）毕昇首创泥活字，活字的制作包括拣字、排版、印刷、拆版、还字等工序。

（3）公元 105 年蔡伦用树皮、麻头等植物做原料制成“蔡侯纸”。

（4）公元 7 世纪，唐朝初期佛教盛行抄写经文，汉字不断演变规范，纸、笔、墨等工具不断改进，盖印、拓印技术成熟，印刷具备初型。

（5）公元 868 年，雕版印刷《金刚经》标志着雕版印刷术发展完善，此技术于 9 世纪普及。《金刚经》是人类历史上出现最早的印刷品。

(6)公元1234年,崔怡用铸字印刷了《详定礼文》28本,这是世界上最早的金属活字印刷品。

(7)公元1297年,王祯创制木活字与转轮排字法,写成“选活字印事法”。

(8)由煤烟制成墨,可以追溯到中国远古时代,并且结合造纸术和印刷技术,书籍得以大量生产,并流通广远。(第2～3页)

2.【答案】(1)21世纪是知识经济发展的世纪,知识专利权是国际印刷出版的前提。

(2)印刷出版物必须有版权页和条形码。

(3)版权页的内容包括书名、作者、编者、译者的姓名;出版社、发行者和印刷者名称及地点;图书在版编目(CIP)数据;开本、印张和字数;出版年月、版次、印次和印数;标准书号和定价等。一般版权页放在前面,现在为了美观有些书籍把版权页放在书籍的末尾。

(4)中国标准书号是国际标准书号(简称ISBN)系统的组成部分,是标识编码方法。

(5)中国标准书号由标识符ISBN和13位数字组成。

(6)版权页中的条码作为中国标准书号的机读形式,是供计算机识别读取的符号。计算机通过扫描器扫描条码的条和空获得信息,识读出一串数字代码。(第6～7页)

3.【答案】(1)电子商务——将印刷商、直接客户、制版商联系起来。

(2)色彩管理——高质量的复制离不开标准化的色彩管理。

(3)工作流程化——扫描—制作—检查—补漏白—拼大版—输出—打样—校对—签稿—印刷。

(4)数码打样——高效率、低成本的数码打样将成为主要的校样方式之一。

(5)加网技术——调幅网点与调频网点有机结合,可有效提高印刷品质。

(6)直接制版技术——消除从胶片到印版带来的一系列问题,并让印刷版上的网点大小更准确,提高效率和质量。

(7)可变数据印刷——目前的印刷业,胶印印刷仍占主导,柔性版印刷逐步发展,印后加工自动化程度更高。(第4～5页)

4.【答案】(1)印前:指印刷前期的工作,一般指摄影、设计、制作、排版、输出菲林打样等。

(2)印中:指印刷中期的工作,通过印刷机印刷出成品的过程。

(3)印后:指印刷后期的工作,一般指印刷品的后加工,包括过胶(覆膜)、过UV、模切、烫金、凸凹、装裱、装订、裁切等,多用于宣传类和包装类印刷品。

(4)印刷品的生产,一般要经过扫描、制作、检查、补漏白、拼大版、输出、打样、校对、签稿、印刷等工艺过程。(第5页)

第二章　印刷概论

印刷设计的视觉品质与工艺特性

知识框架

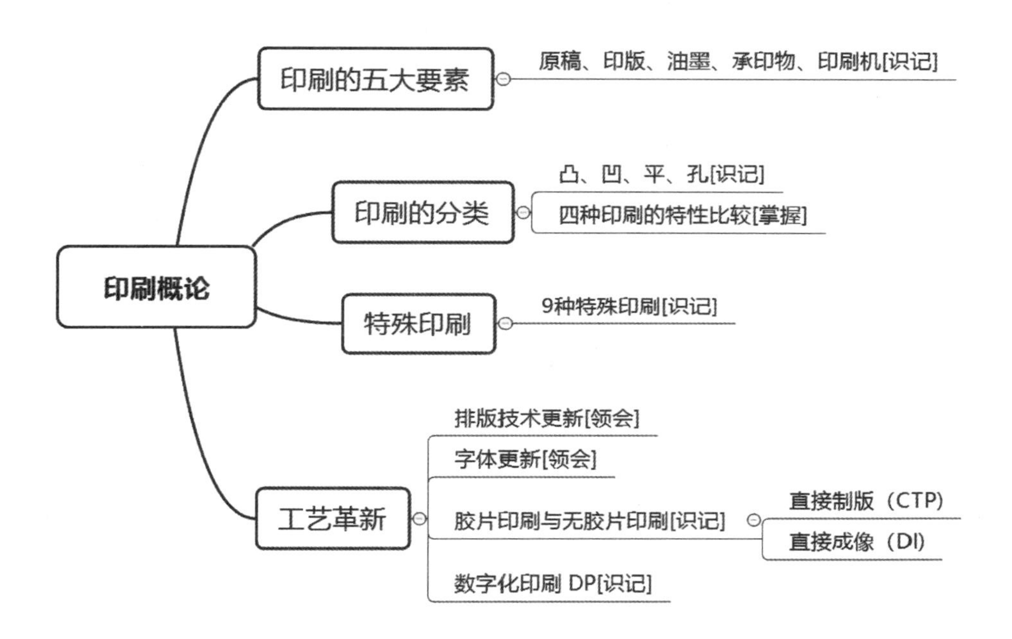

第一节　印刷要素

【单选／填空／判断】印刷的五大要素：原稿、印版（图 2-1）、油墨、承印物、<u>印刷机</u>。

图 2-1　印版

同步练习

【2018 年 4 月 • 单选】传统印刷的五大要素是指原稿、油墨、承印物、印版和（　　）。

A. 凹版印刷机　　B. 丝网印刷机

C. 平版印刷机　　D. 印刷机械

【答案】D（第 9 页）

考点一　原稿（第 9 页）

【单选 / 名词解释】原稿：是指使用某种印刷完成图像复制过程的原始依据，一般为实物或载体上的图文信息，未经过修改、增删的稿子，亦指据以印刷出版的稿子。

【单选 / 多选 / 填空】原稿的分类（表 2-1）。

表 2-1　原稿的分类

按内容分类	线条原稿和连续调原稿
按载体透明度分类	透射原稿和反射原稿。透射原稿以透明材料为图文信息载体的原稿；反射原稿是以不透明材料为图文信息载体的原稿
按颜色分类	彩色原稿和黑白原稿

考点二　印版（图 2-2）（第 9 ~ 10 页）

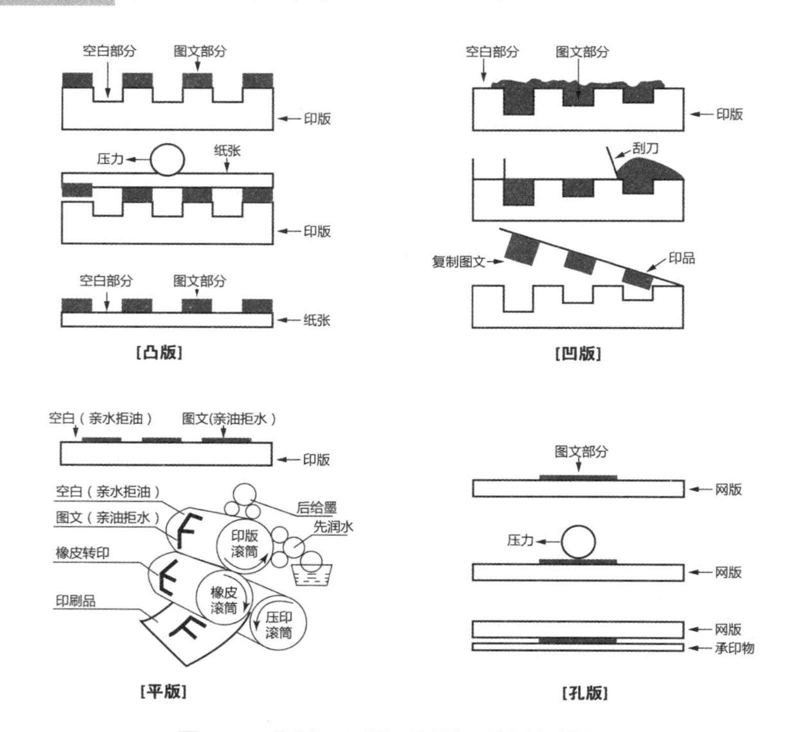

图 2-2　凸版、凹版、平版、孔版印刷原理

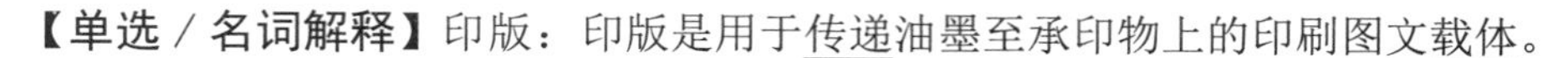

【单选 / 名词解释】印版：印版是用于传递油墨至承印物上的印刷图文载体。

【单选 / 填空】印版依据印刷部分和空白部分的相对位置的高低和结构不同，可分为凸版印刷、凹版印刷、平版印刷、孔版印刷四类。

【单选 / 填空 / 名词解释】凸版、凹版、平版、孔版的印刷原理及常用材质分类（表 2-2）。

表 2-2　凸版、凹版、平版、孔版的印刷原理及常用材质分类

印版	原理	常用材质分类
凸版	是图文部分明显高于空白部分的印版	活字版、铅铜锌版、树脂版、柔性版
凹版	是图文部分明显低于空白部分的印版，直接制作在印刷机滚筒上	铜版、钢版
平版	图文部分与空白部分几乎处于同一平面的印版。平版是利用了油水相斥的原理	锌版（平凹版）、铝版（PS 版，又称预涂感光版）
孔版	在印版上制作出图文和版膜两部分。版膜的作用是阻止油墨的通过；而图文部分则是通过外力的刮压将油墨漏印到承印物上，从而形成印刷图形	誊写版、镂空版、丝网印刷版

同步练习

【2018 年 4 月 • 单选】下列选项中属于凸版印刷的是（　　）。

A. 丝网印　　　　B. 柔性版印刷

C. 珂罗版印刷　　D. 移印

【答案】B（第 9 页）　教材中，表格 2-1 为四类印刷与印版、印刷机关系分类表。丝网印刷（孔版）、柔性版印刷（凸版，检查柔印，包装领域瓦楞纸）、珂罗版（平版）、移印（特种印刷胶台转印）。

考点三　油墨（第 10 页）

【名词解释】油墨：是在印刷过程中将审美转移到纸张或其他承印物上形成耐久的有色图像的物质。

考点四　承印物（第 10 ~ 11 页）

【名词解释】承印物：是指接受油墨或其他黏附色料后能形成所需印刷品的各种材料。除液体和气体外，其他均可印刷。

【单选】常用印刷纸：新闻纸、版印刷纸、胶版纸、铜版纸、字典纸等。

【单选 / 填空】纸张的种类：250 g/m^2 以上的称为纸板；250 g/m^2 以下的称为纸。

【单选】纸张规格：一般印刷用纸有平板纸和卷筒纸两种形式。平板纸尺寸指纸的长和宽，卷筒纸尺寸指幅宽。

（1）平板纸规格：787 mm ×1092 mm，850 mm ×1168 mm，880 mm ×1230 mm，880 mm ×1092 mm。

（2）卷筒纸规格：宽度 787 mm，880 mm，1092 mm，1575 mm。

【单选】重量：每平方米纸张的重量以克数表示。

【单选】令重：指每 500 张全开纸的总重量。

同步练习

【2017 年 10 月・填空】根据重量不同，纸张可分为两类：定量大于 250 g/m^2 称为（　　），定量小于 250 g/m^2 称为（　　）。

【答案】纸板、纸（第 10 页）

考点五　印刷机（第 11 页）

【名词解释】印刷机：是指用于生产印刷品的机器、设备的总称。

第二节　印刷分类

考点一　凸版印刷（直接印刷）（第 11 ~ 12 页）

考点讲解

【单选 / 多选 / 判断】凸版印刷，俗称铅印，是历史最悠久的印刷方法，主要有活字版和橡胶版两种。我国印刷行业历史上采用较多的是活字版印刷和铜锌版印刷。

考点二　凹版印刷（直接印刷）（第 12 页）

考点讲解

【单选 / 名词解释】凹版印刷：主要利用油墨的半透明性和凹痕的深浅大小来反映原稿的明暗层次。

【单选 / 名词解释】凹版印刷的分类、原理、特性（表 2-3）。

表 2-3　凹版印刷的分类、原理、特性

	分类	概念原理	特性
凹版印刷	雕刻凹版	雕刻凹版是早期由金属装饰的雕刻术演变而来的，当时把铜雕图案作为装饰品，后来才被利用在印刷表现上	雕刻凹版线条优美，不易假冒，一般用于证券方面，如钞票、股票、礼券、邮票以及商业信誉凭证或文具等。属于直接印刷，质量较好
	照相凹版	又称影写版，指利用照相的原理将铜版腐蚀，是一种经过重铬酸钾溶液感光处理过的胶纸和凹版专用的网线版贴合曝光，然后将这种胶纸和连续版调的阳片晒版	制版过程较为复杂，且成本较贵，印刷数量易多不易少，如彩色杂志、建材印刷等

考点三　平版印刷（间接印刷）（第 12 ~ 13 页）

【单选 / 名词解释】平版印刷：是利用油水分离的客观规律，用水参加印刷以及通过橡皮转印滚筒间接印刷。

考点讲解

【单选】操作流程：胶印工艺程序比较复杂，从印版、油墨、润版药水和纸张的预备到上版定位、装置橡皮布、调整衬垫、校正压力等一系列的准备工作到开机印刷。发展方向：无水胶印、无网胶印等新工艺。

【单选 / 多选】版材的不同分为：石版印刷、珂罗版印刷、金属版印刷和氧化锌纸版印刷（表 2-4）。

表 2-4　平版印刷的分类

	分类	概 念
平版印刷（平版胶印）	石版印刷	是用印墨在细微颗粒表面的石灰石上写字，再用硝酸腐蚀，使文字凸起在凸版上
	珂罗版印刷	又称玻璃版印刷。以玻璃为版基，利用重铬酸盐加入明胶合成胶质感光薄膜，遇光发生化学反应而硬化的原理制版。感光胶膜受光愈多，硬化膨胀程度愈高，耐印力越低

考点四　孔版印刷（直接印刷）（第 14 ~ 15 页）

【单选 / 名词解释】孔版印刷：也叫滤过版，是一种图文由大小不同的孔洞或大小相同但数量不等的网眼组成，可透过油墨的印版。

考点讲解

【单选 / 名词解释】常见的孔版可分为：誊写版印刷、镂空版印刷、丝网印刷（表 2-5）。

表 2-5　孔版印刷的分类

	分类	概念
孔版印刷	誊写版印刷	又称刻蜡版油印，是在特制的蜡纸上用打字机打通所需要的文字和符号，或是用铁笔尖在特制铜板上刻画出图文制成印版，然后放在小型的油印机上滚墨印刷，从而得到印刷品
	镂空版印刷	又称喷花版印刷，一种古老而又简洁的印刷方法
	丝网印刷	又称丝印、网印，也称丝漏印刷或丝漆印刷，是被广泛应用的孔版印刷方式。丝网以前采用蚕丝，现多用进口尼龙丝和进口不锈钢丝网

同步练习

1.【2018 年 4 月 • 单选】胶印工艺是利用（　　　　）的客观规律，用水参加印刷以及通过橡皮转印滚筒间接印刷。

A. 油水分离　　　　B. 油水相融

C. 版墨分离　　　　D. 版墨相融

【答案】A（第 10 页）

2.【2017 年 4 月 • 单选】石版印刷属于（　　　　）。

A. 平版印刷　　　　B. 凹版印刷

C. 凸版印刷　　　　D. 柔版印刷

【答案】A（第 13 页）

3.【2018 年 10 月 • 单选】（　　　　）也叫滤过版，是一种图文由大小不同的孔洞或大小相同但数量不等的网眼组成，可透过油墨的印版。

A. 凹版　　　　B. 凸版

C. 平版　　　　D. 孔版

【答案】D（第 10 页）

考点五　四种印刷的特性比较（第 14 ~ 16 页）

【简答】凸版印刷的优、缺点（表 2-6）。

表 2-6　凸版印刷的优、缺点

定义	图文部分高于空白部分；属直接印刷；俗称铅印，是历史最悠久的印刷方法，主要有活字版和橡胶版两种

续表

优点	凸版压力大，墨色饱满。由于采用直接加压印刷方式，印件轮廓清晰，甚至使印件的背面呈现出轻微的压印凸痕
	样式很多。有木版、铅印活字版、铜版等，能满足各方面不同印刷要求，应用范围较为广泛
缺点	制版工艺复杂，质量难以控制，不适宜明暗层丰富和套色多、幅面大的彩色印刷
	制版周期长，印刷速度慢，效率低
	浇铸铅字和腐蚀铜锌版等工艺带来环境污染问题

【简答】凹版印刷的优、缺点（表 2-7）。

表 2-7　凹版印刷的优、缺点

定义	图文部分低于空白部分；属直接印刷；主要利用油墨半透明性和凹痕的深浅大小来反应原稿的明暗层次；分雕刻凹版和照相凹版
优点	凹版印迹与平版、凸版相比更为厚重、饱满、清晰，压痕不如凸印明显
	能在大幅面的粗质纸、塑料薄膜、金属箔等承印物上印刷，且耐印率高
	凹印机的静电吸墨装置，增强了吸墨能力，能展现细微的层次感
	线条优美，不易被假冒，一般用于证券等方面的印刷
缺点	凹版版面图文凹陷处存有较多的墨，印刷压力要求大

【简答】平版印刷优、缺点（表 2-8）。

表 2-8　平版印刷的优、缺点

定义	图文部分与空白部分几乎处于同一平面；属间接印刷；利用油水相斥的原理，图文部分亲油拒水，空白部分亲水拒油
优点	网点成色。通过照相分色或者电子分色，把原稿的色彩分解成 CMYK 四种色版，进行套色印刷，印刷品色彩层次丰富
	印刷范围广。能适应各种设计要求，在尺寸上大可全开，小可拼版，单色印刷宜印制层次丰富的单色绘画的印刷品
	制版简单，成本低，印刷速度快，套色装版准确，印版复合容易，可大量印刷
缺点	受水胶影响，色调再现力减低，鲜艳度缺乏。版面油墨稀薄，必要时须进行双面印刷

【简答】孔版印刷的优、缺点（表 2-9）。

表 2-9　孔版印刷的优、缺点

定义	属直接印刷；也叫滤过版，是一种图文由大小不同的孔洞或大小相同但数量不等的网眼组成的，可透过油墨的印版
优点	印刷墨层与凸、凹、平版相比较厚，可达 1 毫米，平、凸版只有 4 ～ 7 微米，凹版有几十微米；印刷范围广，平面和曲面、不规则面都可以印刷，纸张或其他承印材料均可以印刷
	印刷幅面可大可小，油墨可水性、可油性，可粗可细
	制版简单，成本低，应用范围广
缺点	印刷速度慢，生产量低，彩色印刷表现困难，不适合大量印刷

第三节　特殊印刷

考点　9 种特殊印刷（第 16 ～ 21 页）

【名词解释】特殊印刷：印刷行业中，习惯将以压力原理为基础的平、凸、凹三种印刷以外的其他印刷方式称为特殊印刷。如孔版印刷、静电复印、喷墨印刷、胶台印刷、胶台移印等。也有将普通纸张作为承印材料以外的印刷，称为特殊印刷，如塑料印刷、贴花印刷、盲文印刷、马口铁印刷、软管印刷、立体印刷等。

【名词解释】塑料印刷：就是把印版上的图案通过油墨转移到塑料制品上，有塑料凸版印刷、塑料凹版印刷、塑料丝网印刷、洛纸印刷。塑料薄膜印刷与一般纸张比较，薄膜表面对油墨、涂料、胶粘剂等的黏合能力很差。印前要进行一定的处理，以提高印刷适应性和可用性。

【单选】马口铁印刷是指经过制版、印刷、罩亮光油等工序在金属表面完成的印刷方式。

【单选】软管印刷系软性金属印刷，是一种普通且普遍的印刷方式，如牙膏管、药膏管等的印刷。

【单选】铝箔纸印刷时利用的铝箔是由铝块压碾成的薄片，印刷时大多采用凹版印刷的方式。

【单选】贴花纸印刷大多采用平版胶印工艺，有陶瓷贴花和产品商标贴花两种。

【单选】胶台转印的印刷原理是利用充满空气的高弹性橡胶头，将印版图文上的油墨移印到固定巡回架上的各种承印物上。

【单选】喷墨印刷的方式是利用电子控制一股高速微细颜色滴流，在承印物表面出现图文的一种新的印刷方法。

【名词解释】立体印刷：又叫 3D 印刷，通常是指立体光栅印刷，分为透过式和反射式两种。其产品具有趣味性，一般用于风景明信片、年历卡、POP 广告、标签、吊卡、扑克牌、火柴盒等。

【名词解释】磁性印刷：被称为“MICR”，作为一种特种油墨的防伪印刷技术，是在油墨中添加磁性物质进行印刷的一种方式。磁性印刷属于磁性记录技术的范畴，通过磁性印刷完成磁性记录体的制作，使之具有所要求的特殊性能。

第四节　工艺革新

考点一　排版技术更新（第 21 ~ 22 页）

【单选】20 世纪后半期字体排版新技术发明，1949 年照相排版技术发明，随后，计算机技术开始应用到排版系统，并更具有丰富创造力。

考点二　字体更新（第 22 ~ 23 页）

【单选】早期的计算机字体是点阵字体。

【单选】Adobe 公司在 1985 年开发 PostScript Typel 字体（页面描述语言），是矢量字体。

【单选】中国最早开发的印刷字体是北大方正的汉字字体。不同的字体极大地丰富了印刷设计和艺术表现力。

考点三　胶片印刷与无胶片印刷（第 23 ~ 24 页）

【单选/名词解释】胶片印刷：主要是平版胶印，其工艺是印版上的图像通过照相方法产生。

【单选/名词解释】计算机直接制版（CTP）：又称无胶片技术，是指将编辑好的数字化文件直接用于制版，而不再经过胶片工序的技术。

【单选/名词解释】计算机直接成像（DI）：在无胶片工艺的基础上，印版通过激光直接在机成像。

同步练习

【2018 年 4 月・单选】英文简写 DI，中文含义是（　　）。

A. 计算机直接成像　　B. 计算机直接制版

C. 栅格图像处理器　　D. 桌面出版系统

【答案】A（第 25 页）计算机直接成像（简称 DI），计算机直接制版（简称 CTP），栅格图像处理器（简称 RIP），桌面出版系统（简称 DTP）。

考点四　数字化印刷（DP）（第 24 页）

【名词解释】数字化印刷：就是利用印前系统将图文信息传输到数字印刷机，直接进行印刷的一种新型印刷技术。

章节训练

一、单项选择题

1. 塑料薄膜在印前必须进行一定的处理，这是因为其表面对油墨、涂料等的黏合能力（　　）。

A. 太强　　B. 一般
C. 很差　　D. 很强

2. 凹版印刷主要利用油墨的半透明性和（　　）来反映原稿的明暗层次。

A. 凹痕的深浅、大小　　B. 凹痕的大小
C. 油墨的干湿　　D. 油墨的浓淡

3. （　　）又称刻蜡版（刻钢印）油印，是最简单的一种孔版印刷术。

A. 镂空版印刷　　B. 过胶印刷
C. 立体印刷　　D. 誊写版印刷

4. 摄影原稿从印刷工艺角度分为（　　）和反射稿两大类。

A. 负片　　B. 正片
C. 照片　　D. 透射稿

5. 印刷五要素中，作为整个制版、印刷工艺的依据，直接关系到印刷品的艺术效果和复制还原效果的要素是（　　）。

A. 印版　　B. 油墨
C. 原稿　　D. 承印材料

6. 利用油水相斥的客观规律进行印刷的方式是（　　）。

A. 凸版印刷　　B. 凹版印刷
C. 孔版印刷　　D. 平版印刷

7. 下列属于间接印刷方式是（　　）。

A. 凸版印刷　　B. 丝网印刷

C. 平版印刷　　D. 凹版印刷

8. 珂罗版印刷属于（　　）。

A. 凸版印刷　　B. 丝网印刷

C. 平版印刷　　D. 凹版印刷

9. 雕刻凹版印刷主要用于表现（　　）。

A. 图案或文字　　B. 照片复制

C. 立体图像　　D. 精美画册

10. 下列属于平版印刷原理的是（　　）。

A. 直接转印　　B. 空白部分着墨

C. 油水不相溶　　D. 油水相溶

11. 下列属于凸版印刷方式的是（　　）。

A. 玻璃版印刷　　B. 橡胶版印刷

C. 石版印刷　　D. 金属版印刷

12. 下列属于特殊印刷创新的有（　　）。

A. 立体印刷　　B. 胶印

C. 雕版印刷　　D. 包装印刷

13. 丝网是丝网印版的主要组成部分，因以前采用（　　）作网，故名丝网。

A. 尼龙丝　　B. 涤纶

C. 蚕丝　　D. 不锈钢丝

14. 绘画原稿包括连续调原稿和（　　）两种。

A. 线条原稿　　B. 半调原稿

C. 文本原稿　　D. 图像原稿

15. 印刷过程中承载图文墨色的材料是（　　）。

A. 印刷　　B. 油墨

C. 承印材料　　D. 印刷设备

16. 丝网印刷，是一种被广泛应用的（　　）印刷方式。

A. 雕版　　B. 平版

C. 柔版　　D. 孔版

17. 令是纸张的重量单位，令重是指（　　）。

A. 100 张全开纸的总重量　　B. 250 张全开纸的总重量

C.500 张全开纸的总重量　　D.1000 张全开纸的总重量

18. 利用图文部分明显高于空白部分作为印刷工作原理的是（　　）。

A. 凸版印刷　　B. 凹版印刷

C. 平版印刷　　D. 孔版印刷

19. 印刷后，产生油墨厚度最高的是（　　）。

A. 凸版印刷　　B. 凹版印刷

C. 平版印刷　　D. 孔版印刷

20. 纸张克重是指每（　　）纸张的重量。

A. 米　　B. 平方米

C. 厘米　　D. 英寸

21. 印刷颜色原稿可分为彩色原稿和（　　）。

A. 线条原稿　　B. 连续调原稿

C. 图像原稿　　D. 黑白原稿

22. 雕刻凹版印刷可用于印刷（　　）。

A. 教科书　　B. 海报

C. 立体图像　　D. 邮票

23. 利用图文部分明显低于空白部分作为印刷工作原理的是（　　）。

A. 平版印刷　　B. 凸版印刷

C. 凹版印刷　　D. 孔版印刷

24. 油墨是在印刷过程中将（　　）转移到纸张或其他承印物上形成耐久的有色图像物质。

A. 色料　　B. 图案

C. 审美　　D. 文字

25. 照相凹版又称（　　），指利用照相方法制成图像部分低于空白的凹印版。

A. 柔性版　　B. 文字版

C. 影写版　　D. 图片版

26. 计算机直接制版（CTP）指将编辑好的数字化文件直接用于制版，不再经过（　　）工序的技术。

A. 影写　　B. 胶片

C. 制版　　D. 晒版

27. 随着计算机多媒体技术的发展，使印刷复制的对象不断增多，目前原稿还包括媒体原稿和（　　）。

A. 软件原稿　　B. 投射原稿

C. 线条原稿　　D. 黑白原稿

28. 纸张的种类根据重量不同，可分为两大类：纸和纸板。那么称为纸板纸的重量要达到（　　）以上。

A. 250 g/m²　　B. 350 g/m²

C. 450 g/m²　　D. 500 g/m²

29. 铜版纸有单双面之分，各有特号、1 号、2 号 3 个品种，规格为（　　）。

A. 200 ～ 400 g/m²　　B. 120 ～ 500 g/m²

C. 80 ～ 250 g/m²　　D. 120 ～ 350 g/m²

30. 以下卷筒纸幅宽不包括的是（　　）。

A. 1575 mm　　B. 787 mm

C. 880 mm　　D. 1230 mm

31. 珂罗版印刷，又称玻璃版印刷。印版耐印率低，一般仅在（　　）张左右。

A. 3000　　B. 5000

C. 4000　　D. 2000

32. 现代都市街头的涂鸦艺术多应用的制作方式是（　　）。

A. 喷花版印刷　　B. 丝网印刷

C. 刻蜡版油印　　D. 雕刻凹版

33. 以下哪种印刷方式在做铅字或者腐蚀铜锌板等工艺会带来环境污染？（　　）

A. 凸版印刷　　B. 丝网印刷

C. 平版印刷　　D. 凹版印刷

34. 胶台转印的印刷原理是利用充满空气的（　　），将印版图文上的油墨移印到固定巡回架上的各种承印物上。

A. 软木板　　B. 高弹性橡胶头

C. 转轮凹印机　　D. 橡皮滚筒

35. 铝箔纸印刷的材质铝箔是非常薄的，通常其厚度约为（　　）。

A. 0.007 ～ 0.020 mm　　B. 0.003 ～ 0.025 mm

C. 0.009 ～ 0.010 mm　　D. 0.010 ～ 0.020 mm

36. 以下哪种特种印刷方式能应用于在证券、支票方面，起到防假冒的作用？（　　）

A. 立体印刷　　B. 喷墨印刷

C. 磁性印刷　　D. 软管印刷

37. 我国最早开发的印刷字体是（　　）。

A. 微软雅黑字体　　B. 华文字体

C. 北大方正字体　　D. 兰亭系列字体

38. 以下哪个字体具有端庄中含潇洒，凝重中寓自然，字体简洁明快、流畅大方、繁简齐备、雅俗共赏的特点？（　　）

A. 微软雅黑字体　　B. 方正启体书法字体

C. 方正小篆书法字体　　D. 方正硬笔楷书字库

39. 以下哪种印刷方式是利用印前系统将文字信息传输到数字印刷机，直接进行印刷的一种新型印刷技术？（　　）

A. 计算机直接制版技术　　B. 计算机直接成像

C. 数字化印刷　　D. CTP 技术

二、填空题

1. 原稿按照内容分类：____________和____________。

2. 原稿按照载体透明度分类：____________和____________。

3. 原稿按照颜色分类：____________和____________。

4. 孔版也叫滤过版，是一种图文由大小不同的孔洞或大小相同但数量不等的网眼组成的，可透过油墨的印版。常见的有____________、____________、丝网印刷版。

5. 承印物是指接受油墨或其他黏附色料后能形成所需印刷品的各种材料。除液体和气体外，其他均可印刷。常用印刷纸：____________、版印刷纸、胶版纸、____________、字典纸等。

6. 纸张的种类：250 g/m^2 以上的称为____________；250 g/m^2 以下的称为____________。

7. 卷筒纸规格：宽度 787 mm、____________ mm、____________ mm、1575 mm。

8. 凸版印刷俗称铅印，是历史上最悠久的印刷方法，主要有____________和____________两种。

9. 雕刻凹版线条____________，不易____________，一般用于证券方面，如钞票、邮票、有价证券以及商业信誉凭证或文具等，属于直接印刷，质量较好。

10. 照相凹版又称____________，指利用____________方法制成图像部分低于空白的凹印版。

11. 平版印刷按照版材性质的不同，可分为__________印刷、__________印刷、金属版印刷和氧化锌纸版印刷。

12. 珂罗版印刷，又称玻璃版印刷。以____________为版基，利用____________加入明胶合成胶质感光薄膜，遇光发生化学反应而硬化的原理制版。感光胶膜受光愈多，硬化膨胀程度愈高，耐印力越低。

13. 印版依据印刷部分和图文部分相对位置的高低和机构不同，可分为______________、平版和____________、凹版四类。

三、名词解释

1. 令重

2. 克重

3. 孔版印刷

4. 丝网印刷

5. 计算机直接制版（CTP）

6. 转移印刷

7. 立体印刷

8. 数字化印刷

四、简答题

1. 印刷的五大要素是什么？其作用是什么？

2. 从印刷的版面结构的角度，论述印刷的种类及其特性。

3. 请论述印刷特种工艺的种类。

4. 请阐述印刷的工艺革新。

参考答案及解析

一、单项选择题

1. 【答案】C（第 18 页）

【解析】塑料薄膜印刷的主要基材是塑料薄膜和塑料油墨。与纸张印刷在物理与化学塑料油墨上差异很大，表面张力低、不容易接受油墨的浸润。在常温下不溶于已知溶剂，薄膜表面对油墨、涂料、胶粘剂等的黏合能力很差。

2.【答案】A（第 13 页）

【解析】凹版印刷主要利用油墨的半透明性和凹痕的深浅大小来反映原稿的明暗层次。

3.【答案】D（第 13 页）

【解析】誊写版印刷又称刻蜡版（刻钢印）油印，是最简单的一种孔版印刷术，发明于 19 世纪。

4.【答案】D（第 9 页）

【解析】照相属于载体透明度分类所使用的原稿，可分为透射原稿和反射原稿。

5.【答案】C（第 9 页）

【解析】原稿是指使用某种印刷完成图像复制过程的原始依据，一般为实物或载体上的图文信息，未经过修改增删的稿子，亦指据以印刷出版的稿子。

6.【答案】D（第 12 页）

【解析】平版是利用油水相斥的原理，即印版的化学性质不同：图文部分亲油，空白部分亲水来印刷。

7.【答案】C（第 9 页）

【解析】教材中表 2-1 四类印刷与印版、印刷机关系分类表。此表表示间接印刷方式为平版印刷，包括预涂感光版、静电氧化锌纸版、平凸版、平凹版、圆压平多印刷机。

8.【答案】C（第 12 页）

【解析】平版印刷就其版材性质的不同，分为石版印刷、珂罗版（玻璃版）印刷、金属版印刷和氧化锌纸版印刷。

9.【答案】A（第 10 页）

【解析】雕刻凹版多数用于表现图案或文字，而照片般的连续色则较难做到。

10.【答案】C（第 10 页）

【解析】平版印刷是利用油水相斥（油水不相溶）的原理，即印版的化学性质不同：图文部分亲油，空白部分亲水来印刷。

11.【答案】B（第 11 页）

【解析】凸版印刷俗称铅印，是历史最悠久的一种印刷方法，最主要的有活字版与橡胶版两种。

12.【答案】A（第 16 ～ 21 页）

【解析】特种印刷有 9 种，其中立体印刷的成品，经过加工处理后使人产生深度的立体感，这是印刷技术新开拓的印刷形式。

13. 【答案】C（第 14 页）

【解析】丝网是印版的主要组成部分，因以前采用蚕丝作网，故名丝网。

14. 【答案】A（第 9 页）

【解析】绘画原稿（属于原稿内容形式分类）可分为：连续调原稿（图像）和线条（文字）原稿。

15. 【答案】C（第 10 页）

【解析】承印物是指接受油墨或其他黏附色料后能形成所需印刷品的各种材料。

16. 【答案】D（第 14 页）

【解析】丝网印刷又称丝印、网印，也称为丝漏印刷或丝漆印刷，是一种被广泛应用的孔版印刷方式。

17. 【答案】C（第 11 页）

【解析】令重指每 500 张全开纸的总重量。

18. 【答案】A（第 10 页）

【解析】凸版是图文部分明显高于空白部分的印版。

19. 【答案】D（第 16 页）

【解析】孔版印刷，特别是丝网印刷的印迹与平版、凹版、凸版的印刷特点相比，墨层厚度可达 1mm，而平凸版只有 4 ～ 7μm，凹版印刷只能达到几十微米。

20. 【答案】B（第 11 页）

【解析】每平方米纸张重量以克数表示。

21. 【答案】D（第 9 页）

【解析】按原稿的颜色分类，可分彩色原稿和黑白原稿。

22. 【答案】D（第 12 页）

【解析】雕刻凹版印刷，因为线条精美，不易假冒，故被利用在印刷有价证券方面，如钞票、股票、礼券、邮票以及商业性信誉凭证或文具等。

23. 【答案】C（第 10 页）

【解析】凹版是图文部分明显低于空白部分的印版。

24. 【答案】C（第 10 页）

【解析】油墨是在印刷过程中将审美转移到纸张或其他承印物上形成耐久的有色图像物质。

25. 【答案】C（第 12 页）

【解析】照相凹版又称为影写版，即利用照相的原理将铜版腐蚀，是一种经过重铬酸钾溶液感光处理过的胶纸和凹版专用的网线版贴合曝光，然后将这种胶纸和连续版调的阳片晒版。

26.【答案】B（第 23 页）

【解析】所谓 CTP 技术就是指将编辑好的数字化文件直接用于制版，而不再经过胶片工序的技术。

27.【答案】A（第 9 页）

【解析】计算机多媒体技术的发展，使印刷复制的对象不断增多。若将传统原稿定义为硬件形式原稿，则目前印刷复制的原稿还包括媒体原稿和软件形式原稿。

28.【答案】A（第 10 页）

【解析】根据重量不同，纸张可分为两大类 纸、纸板。250 g/m^2 以下称为纸，以上称纸板。

29.【答案】C（第 11 页）

【解析】铜版纸分单面铜版、双面铜版两种，各有特号、1 号、2 号 3 个品种，规格为 80 ～ 250 g/m^2。

30.【答案】D（第 11 页）

【解析】卷筒纸幅宽有 1575 mm、1092 mm、880 mm、787 mm。

31.【答案】D（第 13 页）

【解析】由于通过不甚牢固的胶膜与纸张直接接触印刷，印版的耐印力很低，一般仅在 2000 张左右。

32.【答案】A（第 13 ～ 14 页）

【解析】镂空版印刷又称喷花印刷，这是一种古老而又简便的印刷方法。印刷都为手工操作，将镂空版压附在需印的位置，用真空压缩机喷枪或手压喷雾器印颜色即可。现代都市街头的涂鸦艺术多应用此种印刷制作作品。

33.【答案】A（第 14 页）

【解析】凸版印刷的缺点：浇铸铅字和腐蚀铜锌板等工艺带来环境污染问题。

34.【答案】B（第 19 页）

【解析】胶台转印的印刷原理是利用充满空气的高弹性橡胶头，将印版图文上的油墨移印到固定巡回架上的各种承印物上。

35.【答案】A（第 19 页）

【解析】铝箔是由铝块压碾而成的薄片，如同纸张，通常其厚度约为 0.007 ～ 0.020 mm，当压碾到最后阶段时，以两块同时压延，使成为表里两面的铝箔。

36.【答案】C（第 21 页）

【解析】磁性印刷用在证券、支票方面为多，能起防假冒的作用，磁性印刷被称为“MICR”是“Magnetic Ink Character Recognition”的简称。

37.【答案】C（第 22 页）

【解析】中国最早开发的印刷字体是北大方正的汉字字体，并多是矢量字体且能跨平台使用。

38.【答案】D（第 23 页）

【解析】方正硬笔楷书字库，填补了国内硬笔楷书字库的空白。该字库属钢笔手写体，其特点是端庄中含潇洒，凝重中寓自然，字体简洁明快、流畅大方、简繁齐备、雅俗共赏，更接近于人们的生活，实用性极强，特别适用于印刷广告标题、书籍信函和文章等。

39.【答案】C（第 24 页）

【解析】数字化印刷就是利用印前系统将图文信息传输到数字印刷机，直接进行印刷的一种新型印刷技术。

二、填空题

1.【答案】线条原稿、连续调原稿

2.【答案】透明原稿、反射原稿

3.【答案】彩色原稿、黑白原稿

4.【答案】誊写版、镂空版

5.【答案】新闻纸、铜版纸

6.【答案】纸板、纸

7.【答案】880、1092

8.【答案】活字版、橡胶版

9.【答案】精美、被假冒

10.【答案】影写版、照相

11.【答案】石版、珂罗版

12.【答案】玻璃、重铬酸盐

13.【答案】凸版、孔版

三、名词解释

1.【答案】令重，每 500 张全开纸的总重量。（第 11 页）

2.【答案】克重，每平方米纸张的重量。（第 11 页）

3.【答案】孔版印刷也叫滤过版，是一种图文由大小不同的孔洞或大小相同但数量不等的网眼组成的，可透过油墨的印版。（第 10 页）

4.【答案】丝网印刷又称丝印、网印，也称丝漏印刷或丝漆印刷，是被广泛应用的孔版印刷方式。（第 14 页）

5.【答案】计算机直接制版（CTP）指将编辑好的数字化文件直接用于制版，不再经过胶片工序的技术。（第 24 页）

6.【答案】转移印刷把一种底质上的油墨转印到另一种底质上，通常把油墨涂在玻璃／木头／金属或瓷器上，然后再进行转印。（第 19 页）

7.【答案】立体印刷，又叫 3D 印刷，通常是指立体光栅印刷，分为透过式和反射式两种。其产品具有趣味性，一般用于风景明信片、年历卡、POP 广告、标签、吊卡、扑克牌、火柴盒等。（第 21 页）

8.【答案】数字化印刷是利用印前系统将图文信息传输到数字印刷机，直接进行印刷的一种新型印刷技术。（第 24 页）

四、简答题

1.【答案】印刷的五大要素是：原稿、印版、油墨、承印物、印刷机。其作用分别如下。

（1）原稿：是指使用某种印刷完成图像复制过程的原始依据，一般为实物或载体上的图文信息，未经过修改增删的稿子，亦指据以印刷出版的稿子。

（2）印版：是用于传递油墨至承印物上的印刷图文载体。印版依据印刷部分和空白部分相对位置的高低和结构不同，可分为凸版印刷、凹版印刷、平版印刷、孔版印刷四类。

（3）油墨：是在印刷过程中将审美转移到纸张或其他承印物上形成耐久的有色图像的物质。

（4）承印物：是指接受油墨或其他黏附色料后能形成所需印刷品的各种材料。除液体和气体外，其他均可印刷。

（5）印刷机：是指用于生产印刷品的机器、设备的总称。（第 9 ～ 11 页）

2.【答案】从版面结构的角度，印刷可分为凸版印刷、凹版印刷、平版印刷和孔版印刷。其各自的特性如下。（第 11 ～ 16 页）

（1）凸版印刷的优、缺点（表 2-10）。

表 2-10 凸版印刷的优、缺点

定义	图文部分高于空白部分；属直接印刷；俗称铅印，是历史最悠久的印刷方法，主要有活字版和橡胶版两种
优点	凸版压力大，墨色饱满。采用直接加压印刷方式，印件轮廓清晰、压印凸痕
	样式很多，有木版、铅印活字版、铜版等。能满足各方面不同印刷要求，应用范围较为广泛
缺点	制版工艺复杂，质量难以控制，不适宜明暗层丰富和套色多、幅面大的彩色印刷
	制版周期长，印刷速度慢，效率低
	浇铸铅字和腐蚀铜锌版等工艺带来环境污染问题

（2）凹版印刷的优、缺点（表 2-11）。

表 2-11 凹版印刷的优、缺点

定义	图文部分低于空白部分；属直接印刷；主要利用油墨半透明性和凹痕的深浅大小来反应原稿的明暗层次；分雕刻凹版和照相凹版
优点	凹版印迹与平版、凸版相比更为厚重、饱满、清晰，压痕不如凸印明显
	能在大幅面的粗质纸、塑料薄膜、金属箔等承印物上印刷，且耐印率高
	凹印机的静电吸墨装置增强了吸墨能力，展现细微的层次感
	线条优美，不易被假冒，一般用于证券等方面印刷
缺点	凹版版面图文凹陷处存有较多的墨，印刷压力要求大

（3）平版印刷的优、缺点（表 2-12）。

表 2-12 平版印刷的优、缺点

定义	图文部分与空白部分几乎处于同一平面；属间接印刷；利用油水相斥的原理，图文部分亲油拒水，空白部分亲水拒油
优点	网点成色。通过照相分色或者电子分色，把原稿的色彩分解成 CMYK 四种色版，进行套色印刷，印刷品色彩层次丰富
	印刷范围广。能适应各种设计要求，在尺寸上大可全开、小可拼版，可刷出层次丰富的单色绘画印刷品
	制版简单，成本低，印刷速度快，套色装版准确，印版复合容易，可大量印刷
缺点	受水胶影响，色调再现力减低，鲜艳度缺乏。版面油墨稀薄，必要时须进行双面印刷

(4)孔版印刷的优、缺点(表 2-13)。

表 2-13　孔版印刷的优、缺点

定义	属直接印刷;也叫滤过版,是一种图文由大小不同的孔洞或大小相同但数量不等的网眼组成的,可透过油墨的印版
优点	印刷墨层与凸、凹、平版相比较厚,达 1 mm,平、凸版只有 4 ~ 7 μm,凹版有几十微米;印刷范围广,平面和曲面、不规则面都可以印刷,纸张或其他承印材料均可以印刷
	印刷幅面可大可小,油墨可水性、可油性,可粗可细
	制版简单,成本低,应用范围广
缺点	印刷速度慢,生产量低,彩色印刷表现困难,不适合大量印刷

3.【答案】在印刷行业中,习惯将以压力原理为基础的平、凸、凹三种印刷以外的其他印刷方式称为特殊印刷。

(1)塑料印刷:就是把印版上的图案通过油墨转移到塑料制品上,有塑料凸版印刷、塑料凹版印刷、塑料丝网印刷、洛纸印刷等。塑料薄膜印刷与一般纸张印刷相比,薄膜表面对油墨、涂料、胶粘剂等的黏合能力很差。印前要进行一定的处理,以提高印刷适性。

(2)马口铁印刷:是经过制版、印刷、罩亮光油等工序在金属表面完成的印刷方式。

(3)软管印刷:软管印刷系软性金属管印刷,是一种普通且普遍的印刷方式,如牙膏管、药膏管等。

(4)铝箔纸印刷:铝箔是由铝块压碾成的薄片,大多在铝箔表面进行凹版印刷方式的印刷。

(5)贴花纸印刷:大多采用平版胶印工艺,有陶瓷贴花和产品商标贴花两种。

(6)胶台转印:印刷原理是利用充满空气的高弹性橡胶头,将印版图文上的油墨移印到固定巡回架上的各种承印物上。

(7)立体印刷:又叫 3D 印刷,通常是指立体光栅印刷,分为透过式和反射式两种。其产品具有趣味性。

(8)喷墨印刷:是利用电子控制一股高速微细颜色滴流,在承印物表面出现图文的一种新的印刷方法。

(9)磁性印刷:被称为“MICR”,作为一种特种油墨的防伪印刷技术,是在油墨中添加磁性物质进行印刷的方式。(第 16 ~ 21 页)

4.【答案】排版技术更新,20 世纪后半期字体排版新技术发明;1949 年照相排版技术发明;随后,计算机技术开始应用到排版系统,并更具有丰富创造力。

（1）字体更新。

① 早期的计算机字体是点阵字体。

② 后来，Adobe 公司开发 PostScript Type1 字体，是矢量字体。

③ 中国最早开发的印刷字体是北大方正的汉字字体。

④ 不同的字体极大地丰富了印刷设计和艺术表现力。

（2）胶片印刷与无胶片印刷。

① 胶片印刷：主要是平版胶印，其工艺是印版上的图像通过照相方法产生。

② 计算机直接制版（CTP）：又称无胶片技术，指将编辑好的数字化文件直接用于制版，不再经过胶片工序的技术。

③ 计算机直接成像（DI）：在无胶片工艺的基础上，印版通过激光直接在机成像。

④ 数字化印刷（DP）：就是利用印前系统将图文信息传输到数字印刷机，直接进行印刷的一种新型印刷技术。（第 21 ～ 25 页）

第三章　印前制版

印前设计与制版工艺

知识框架

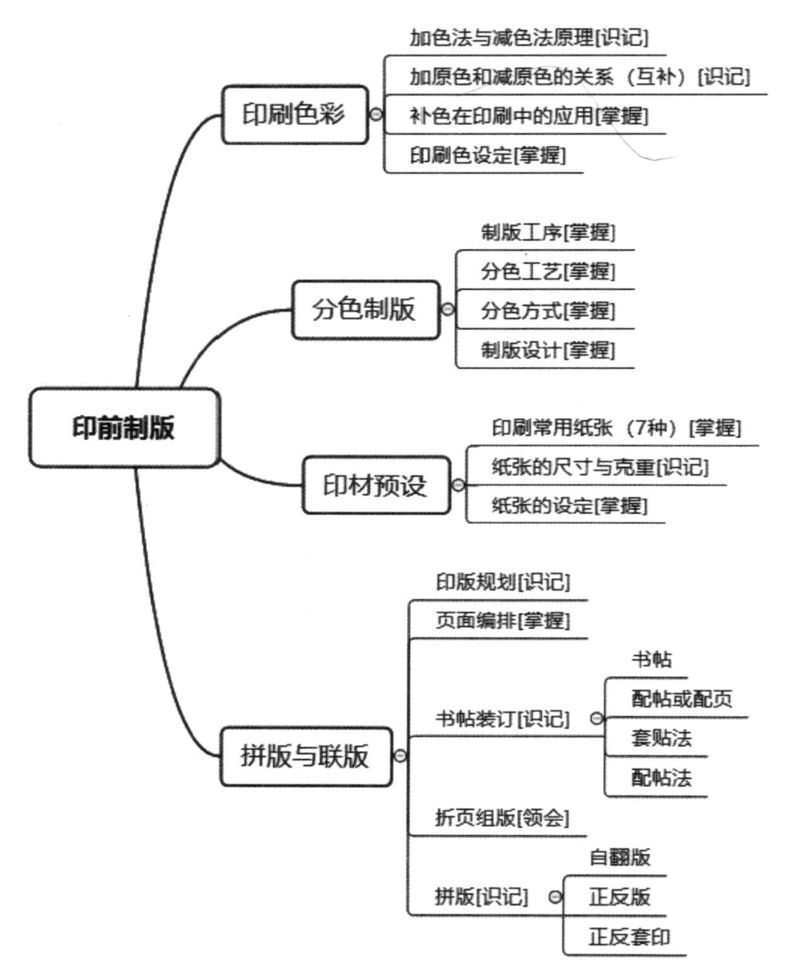

第一节　印刷色彩

考点一　加色法与减色法（第 26 页）

【单选】光的三原色：红光、蓝光、绿光（图 3-1）。

【名词解释】加色效应：两种以上的色光相混合，使人的视觉神经产生另一种色觉效果，也叫色光的“加色法”原理。

考点讲解

【单选】如：红光＋绿光＝黄光，绿光＋蓝光＝青光，红光＋蓝光＝品红光，红光＋绿光＋蓝光＝白光。如两种色光相加会得到白光，那么这两种色光为互补色光。

【名词解释】“减色法”原理：印刷颜色中的品红色、黄色、青色相加为黑色，这三种颜色按不同的比例调和，能产生无穷无尽的色彩，而其他颜色却不能调和成这三种颜色（图 3-2）。

考点讲解

【单选】品红＋黄＝大红、橘黄、橘红、朱红等；黄＋青＝绿、黄绿、蓝绿等；青＋品红＝蓝、蓝紫、紫。减色法中抽去品红色，剩下黄＋青＝绿，这个绿色即为品红的补色。

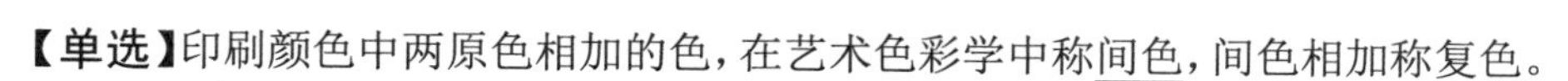

【单选】印刷颜色中两原色相加的色，在艺术色彩学中称间色，间色相加称复色。

【单选】DTP（桌面出版系统）和 DTR（桌面彩色复制技术）一并称为彩色电子印前系统 CEPS。

【单选】传统印刷的概念中有计算机印前处理系统（CPS），由原图（文）输出、编辑、制版、拼版等部分组成。

图 3-1　色光三原色（红、绿、蓝）

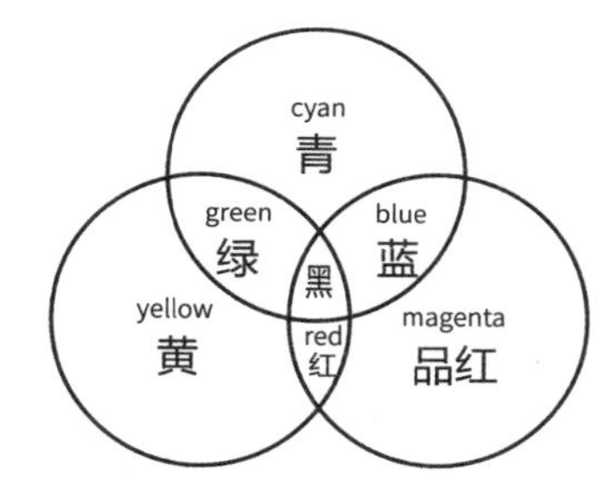

图 3-2　印刷颜色三原色（青、黄、品红）

同步练习

【2018 年 4 月・单选】在色料的混合中，青色和黄色混合呈现（　　）。

A. 绿色　　B. 蓝色

C. 白色　　D. 墨色

【答案】A（第 26 页）

知识点扩充　分清四种色彩模式（表 3-1）。

表 3-1　两种色彩模式

色彩模式	定义	色值
RGB 色彩模式	是工业界的一种颜色标准，是通过对红（R）、绿（G）、蓝（B）三个颜色通道的变化以及它们相互之间的叠加来得到各式各样的颜色	0 ～ 255

续表

色彩模式	定义	色值
CMYK 印刷四色模式	是彩色印刷时采用的一种套色模式，利用色料的三原色混色原理，加上黑色油墨，共计四种颜色（C 青、M 品红、Y 黄、K 黑）混合叠加，形成所谓“全彩印刷”	0 ～ 100
LAB 颜色模式	由三个要素组成，一个要素是亮度（L），A 和 B 是两个颜色通道。A 包括的颜色是从深绿色（低亮度值）到灰色（中亮度值）再到亮粉红色（高亮度值）；B 是从亮蓝色（低亮度值）到灰色（中亮度值）再到黄色（高亮度值）。因此，这种颜色混合后将产生具有明亮效果的色彩	——
HSB 色彩空间	这是基于人眼视觉的色彩空间，是用色相、饱和度、亮度 3 个颜色的属性来描述颜色的。H 代表色相，S 代表饱和度，B 代表颜色的相对亮度	——

考点二　加色法与减色法的关系（第 27）

【单选】加原色与减原色的关系：互补，加色法混合为白色，减色法混合为黑色。

考点三　补色在印刷中应用（第 27 ~ 28 页）

【单选 / 多选】在印刷工艺中，补色关系被称为：基本色和相反色。

【名词解释】现代彩色平版胶印：大都是以品红、黄、青以及黑色四色经网线印版后分别套印，使各色不同密度的网点相互重叠或并置，在视觉上产生色彩丰富、轮廓清晰的图像。

考点四　印刷色设定（第 28 ~ 29 页）

【单选 / 名词解释】颜色表：是一种专门查询、对比色彩变化的工具书。

【单选 / 名词解释】色彩渐变：制版称之为化网，就是在指定的面积里，用有规律的、由深至浅的印刷效果，将多种颜色混合化网产生千变万化的色彩渐变。

【单选】印刷色表指定和制版方法有 3 种。

① 单色印刷网点灰度指定：灰色指定是利用百分比，例如 100%即实地，50%为中灰色，50%以上的灰（深灰），上面用反白字；20%为浅灰，50%以下的灰（浅灰）则用黑色字。

② 变色印刷的色彩指定：图片要做变色调印刷时，应指定深色及浅色版的网点比例和深浅。

③ 彩色印刷的四原色指定：四种基本色——青（C）、洋红（M）、黄（Y）、黑（K）。

例：胭脂红色，则需要 70%黄、100%红、50%青的网点三色组合。

青色（100%）＋黄色（100%）＝绿色　　品红（100%）＋黄（100%）＝红色

青色（100%）＋品红（100%）＝紫色　　品红（50%）＋黄（100%）＝橘色

知识点扩充

四色：使用印刷颜色由四色油墨、混合网点及重叠印刷的方法做成希望的色调。

专色：用专门混合的油墨印刷，即专色印刷，用实色或网点表现色彩。如金色、银色、荧光色。

同步练习

【2018年10月·单选】彩色印刷原理是用四种基本色——CMYK重叠印刷而产生千变万化的色彩的，其中M是（ ）。

A. 黄色 B. 青色

C. 洋红 D. 黑色

【答案】C（第26页）

第二节 分色制版

考点一 制版工序（第29～30页）

【简答】印刷制版包括以下工序。

（1）计算机文字信息处理：即文字版必须经过检索单字、设计版面、打印样张、反复校对、纠正错误等一系列处理。

（2）计算机图形信息处理：即图像原稿需要经过照相或扫描，记录在感光材料或磁盘、磁带等载体上，并修正层次和色彩，制成单色或彩色样张。

（3）拼版与联版：即将文字和图形组合后的版式整页页面规格拼版，成为对开或四开的印刷版面，然后翻制胶片进行制版。

（4）这一系列技术处理国外称之为印前处理，国内称之为制版，包括电子排版、电子分色、整页组版和彩色打样四大部分。

（5）制版机械有滚筒式照排机、绞盘式照排机、外滚筒式照排机。

考点二 分色工艺（第30～31页）

【单选/多选】制版照相是在室内操作，将普通照相摄取的照片或者彩色透明片之类的反射原稿或透明原稿，做分色或网版照相，或其他有关设计稿件上的黑白稿照相。

【单选/多选】传统制版照相工作的三大类型（表3-2）。

表3-2 传统制版照相工作的三大类型

类型	定义
线条版调照相	包括粗细不一的原创文字，俗称写字版或烂版
连续版调照相	无须网线表现，摄制是针对分色阴片、珂罗版及照相凹版所用的阴片而设
网点版调照相	凡是原稿画面有明暗浓淡的层次现象的，必须要经过网点照相，使其层次依点的大小来控制油墨的面积

【单选 / 多选】网点制版照相工作的分类（表 3-3）。

表 3-3 网点制版照相工作的分类

类型	定义
直接分色	使用接触网片直接将彩色稿摄成网点分色片
间接分色	先将彩色稿摄成整套一式四张的连续版调的分色阴片，再由这些分色阴片翻制成为整套网线分色阴片

考点三　分色方式（第 32 ~ 35 页）

【单选 / 多选】我国传统使用平版胶印彩色印刷版的分色方式主要有两种：照相加网分色，简称照相分色，俗称直挂；电子分色，简称电分。

【单选 / 多选 / 名词解释】两种分色方式的概念（表 3-4）。

表 3-4 两种分色方式

照相分色	定义	利用色彩学三原色原理将所摄取的彩色原稿用红、绿、蓝三色加以分色，使原稿上各种不同的色泽经滤色镜摄成可供晒制青色、洋红、黄色三种印版的分色阴片，再以这三张底片制成印版分别用三原色油墨套印，即可产生出与原稿相同的各种色彩
	分类	反射原稿：在分色照相时利用红光射到原稿上，再反射进入镜头而摄制影像
		透明原稿：利用光线由原稿背后打光透过底片再进入镜头而摄取影像
电子分色	定义	用电子扫描方式直接将彩色原稿分解成各单色版的过程，称为电子分色工艺

【简答】电子分色的优点。

（1）能准确复制彩色原稿（色彩、图文拼版）。

（2）采用“干涉滤色镜”，整个版面感光均匀，解像力高，清晰度好。

（3）通常有 85、100、110、120、133、150、175、200 的网目线数和平版、凹版常用的网点形状可供选择。

（4）阴图加网分色片，又能直接制作阳图加网分色片。

（5）两色到四色可同时分色，生产速度快。

（6）缩放倍率高。

考点四　各种印刷品对于电子分色网线数目的要求及印刷纸张（第 37、76 页）

【单选 / 判断】85 线用于报纸版——新闻纸。

【单选 / 判断】100 线用于一般书刊版。

【单选 / 判断】120 线用于教科书版——凸版纸。

【单选/判断】133线用于刊物杂志版、模造纸，平装书籍——胶版纸。

【单选/判断】150线用于一般图片版——铜版纸。

【单选/判断】175线用于画册和商业图片版——铜版纸。

【单选/判断】200线用于高档豪华的画册版。

【单选/判断】200～300线印刷邮票之类的票据——凹版纸。

同步练习

【2018年10月·判断】30 ～40 线的网目则适用于如杂志或精印大型图书的铜版纸。

【答案】×（第76页）

考点五　制版设计（第35～40页）

【填空】基本传统制版设计方法：反转制版、图文透叠、图片合成。

【填空】反转制版：在设计书籍封面时，为求正反面的对称，往往在制版时将另一组底片反转拼贴，这种做法是较方便、快速的。

【填空】图文透叠：文字处理可作彩色外，还可做成反白或压色字，与图片相结合（特殊图案文字）。

【填空】图片合成：运用摄影合成和制版合成的方式，体现图片重叠的特殊画面效果。

第三节　印材预设

考点一　印刷常用纸张（第46～47页）

【简答/单选/判断/名词解释】印刷常用的7种纸型。

（1）新闻纸（表3-5）。

表3-5　新闻纸

定义	新闻纸也叫白报纸，是报刊及书籍的主要用纸	 考点讲解
优点	纸张轻松，有较好的弹性，吸墨性能好	
	纸张经压光后两面平滑，不起毛，从而使用两面印记清晰饱满	
	有一定的机械强度，纸张不透明，适合于高速轮转机印刷	
缺点	含有木质素和其他杂质，不宜长期存放，如保存时间过长，纸张会发黄变脆	
	抗水性差、不宜书写，必须使用印报油墨或书籍油墨印刷，油墨黏度不宜过高，平版印刷必须严格控制版面水分	

（2）凸版纸（表 3-6）。

表 3-6　凸版纸

定义	凸版纸是凸版印刷书籍、杂志用纸。适用于重要著作、科技图书、学术刊物、教材等正文用纸	考点讲解
优点	按纸张用料成分配比可分为 1 号、2 号、3 号、4 号四个级别。纸张的号数代表纸质的优良程度，号数越小纸质越好，这种纸主要供凸版印刷使用	
	经漂白处理，纤维组织均匀，吸墨均匀，抗水性能及纸张的白度好，具有较好的适应性	
缺点	纤维空隙有一定量的填料和胶料填充，吸墨性不如新闻纸好	

（3）胶版纸（表 3-7）。

表 3-7　胶版纸

定义	胶版纸主要供平版(胶印)印刷机或印制较高级彩色印刷品时使用，如画报、画册、宣传画、高级书籍封面、插图等	考点讲解
优点	按浆料配比分为特号、1 号和 2 号三种，有单面和双面之分，还有超级压光与普通压光两个等级	
	伸缩性小，油墨吸收均匀、平滑，质地紧密不透明，白度好，抗水性强	
缺点	应该用质量较好的铅印油墨进行印刷	
	油墨黏度也不宜过高，否则会出现脱粉、拉毛现象	

（4）铜版纸（表 3-8）。

表 3-8　铜版纸

定义	铜版纸又称涂料纸，是在原纸上涂布一层白色浆料，经过压光而制成的	考点讲解
优点	单、双面两类，纸表面光滑，白度较高，纸质纤维分布均匀，伸缩性小，有较好的弹性和较强的抗水性与抗张性，对油墨的吸收性与接收状态也好	
	主要用于印刷画册、封面、明信片、精美的产品样本以及彩色商标等	
缺点	印刷时压力不宜过大，要选用胶印树脂型油墨以及亮光油墨进行印刷	

（5）凹版印刷纸（表 3-9）。

表 3-9 凹版印刷纸

定义	纸张洁白坚挺，具有良好的平滑度和耐水性。主要用于印刷钞票、邮票等质量要求较高而又不易仿制的印刷品	 考点讲解

（6）白板纸（表 3-10）。

表 3-10 白板纸

定义	是一种纤维组织较为均匀，面层具有填料和胶料成分，且表面涂有一层涂料，经多辊压光制造出来的一种纸张	考点讲解
特点	纸面色质纯度较高，具有较为均匀的吸墨性和耐折度	
	主要用于商品包装盒、商品裱衬、画片挂图等	

（7）合成纸（表 3-11）。

表 3-11 合成纸

定义	合成纸是利用化学原料加入一些添加剂制作而成	考点讲解
特点	质地柔软，抗拉力强，抗水性高，耐光、耐冷热，透气性好，能抵抗化学物质的腐蚀又无环境污染	
	广泛应用于高级艺术品、地图、画册、高档书刊等	

同步练习

【2018 年 10 月 • 单选】（　　）也叫白报纸，是报刊及书籍的主要用纸。

A. 凸版纸　　B. 胶版纸

C. 新闻纸　　D. 铜版纸

【答案】C（第 46 页）

考点二 纸张的尺寸与克量（第 47 页）

【单选 / 名词解释】克重：每平方米纸张的重量。

【单选 / 名词解释】令重：是指 500 张全开纸的重量。

考点三 纸张的设定（第 47 ~ 50 页）

【单选】纸张尺寸（表 3-12）。

表 3-12　纸张尺寸

国际通用全开纸尺寸：780 mm×1080 mm	我国自行定义全开尺寸：787 mm×1092 mm
常见的开本是 16 开和 32 开	正度 16 开的尺寸：195 mm×290 mm
大度 16 开尺寸：210 mm×285 mm	标准 A4 尺寸：210 mm×297 mm
大度 8 开尺寸：420 mm×285 mm	标准 A3 尺寸：420 mm×297 mm

注：全开纸：按国家标准分切好的平板原纸。开本：开本是印刷与出版部门表示书刊大小的术语。

同步练习

【2017 年 4 月 · 单选】A3 纸的尺寸是（　　　）。

A. 297 mm×420 mm　　B. 210 mm×297 mm

C. 148 mm×210 mm　　D. 105 mm×148 mm

【答案】A（第 48 页）

基础常识

1. 纸张的尺寸分类：平版纸和卷筒纸。

2. 平板纸尺寸有 A 度纸，原纸张称为 A0，尺寸为 1 平方米，沿着纸张的长边对折裁切生成 A1，同方法再次裁切生成 A2，以此类推。

3. 印刷中采用的纸张尺寸都比实际图文区域尺寸还要大，因为纸张的边缘还要留有印刷测控条（用于测量油墨的不同阶调的色块）、规矩线和裁切标记等。

第四节　拼版与联版

考点一　印版规划（第 50 ~ 51 页）

【名词解释】拼版：是指在印前的设计中，要将印刷的页面按其折页方式，按页码顺序编排在一起，拼合成印刷的版面。

【单选 / 判断】出血位：印刷成品边缘有图文，叫出血。一般出血每边预留 3 mm，大尺寸根据实际情况定。不出血印刷图像裁切时，裁刀难以准确把握成品的尺寸，易产生错位，或切进成品的画面，或切不到位，使成品漏白。

考点讲解

【单选 / 判断】印刷咬口位：纸在承印过程中首先被传送进机器的一边，也是印版碰不到的部位。咬口尺寸一般留 8 ～ 10 mm 宽度。

考点讲解

考点二 页面编排（第 51 ～ 54 页）

【单选 / 填空 / 判断】页面编排是一种视觉的展现出版物的印刷工序。分为：插页式编排、隔行分色编排、双色编排。

（1）插页式编排：主要用于分开书中的两个部分。例如，分割书体不同部分。

（2）隔行分色编排：最直接的编排是隔行分色。例如，在每个部分的边上印上 CMYK 色标、单色、全彩色。

（3）双色编排：在隔行分色编排的基础上，再加上一个双色部分，加入相应的书帖中。

同步练习

1.【2018 年 4 月 • 单选】印刷成品边缘有图文，叫出血。在版面设计时，出血位一般为 3 mm，其作用是防止图文出现（　　）。

A. 脏点　　B. 漏白

C. 错位　　D. 锯齿

【答案】B（第 50 页）

2.【2018 年 10 月 • 单选】（　　）是纸在承印过程中首先被传送进机器的一边，也是印版碰不到的部位。

A. 出血　　B. 咬口

C. 出线　　D. 漏白

【答案】B （第 50 页）

考点三 书帖装订（第 53 ～ 54 页）

【单选 / 名词解释】书帖：指书籍印张按照页码顺序折叠成帖，装订在一起，因此书帖即是一种装订形式。

【单选 / 名词解释】配帖或配页：将折好的书帖根据版面需要，按照页码顺序配齐使之组成册的工艺过程。有套帖法和配帖法两种。

【单选 / 名词解释】套帖法：是将一个书帖按页码顺序套在另一个书帖的里面，成为一本书刊的书芯，最后把书芯的封面套在书芯的最外面。常用骑马订方法装订成册，一般用于期刊或小册子。

【单选/名词解释】配帖法：是将各个书帖，按页码顺序一帖一帖地叠加在一起，成一本书刊的书芯，采用锁线装订或无线胶粘装订，常用于各种平装书籍和精装书籍。

考点四　折页组版（第 54 ~ 57 页）

【名词解释】折页：是印好的大幅面书页，按照页码顺序和规定的幅面折叠成书帖的过程。

【单选】折页的方式：是由印刷机幅面及印刷纸张的大小决定页码的编排以及每版的页数，并对后工序的装订等方式产生影响。

【判断】折页的主要原因：缩小印刷品的尺寸，扩大和安排信息空间，使信息的排列更加整齐。

【多选】常见的折页形式：前后手风琴式折页、经书式折页、前/后折叠插页、三对页平行折叠、后/前折页、半封面式折页、对头式 Z 形折页、自成封面式折页、双层折叠插页。

考点五　拼版（第 57 页）

【名词解释】自翻版：是在一个印张中，一半印正面图文，另一半印反面图文，正反面用同样的印版各印两次，成为两份印刷品。特点：节省印工和 PS 版。

【单选】正反版：正反两个内容分成两块印版，正面印完反面再印。特点：印数超过 5000 份的都采用此方法印刷。

【名词解释】正反套印：采用两个印版进行双面印刷，印刷完第一面后，更换另一组印版印刷第二面，比如明信片。特点：图文太大或者正反面图文不对称时需使用正反套印。

章节训练

一、单项选择题

1. 在分色制版工艺中，想获得黄版阴图片，需利用的滤色镜颜色是（　　）。

A. 绿　　B. 蓝

C. 红　　D. 黄

2. 颜色三原色中的两色相加，可得到其他颜色，其中品红加青可以得到（　　）。

A. 红　　B. 绿

C. 蓝　　D. 黑

3. 标准的大度 16K 尺寸是（　　）。

A. 195 mm×290 mm　　B. 210 mm×285 mm

C. 390 mm×580 mm　　D. 420 mm×570 mm

4. 平版印刷出血位是（　　）。

A. 1 mm　　B. 2 mm

C. 3 mm　　D. 4 mm

5. 印刷的基本色彩模式是（　　）。

A. RGB　　B. CMY

C. CMYK　　D. LAB

6. 印刷中的四原色“M”指的是（　　）。

A. 深红　　B. 大红

C. 紫罗兰　　D. 品红

7. 颜色三原色中品红色的互补色是（　　）。

A. 红　　B. 绿

C. 蓝　　D. 黑

8. 目前我国印刷厂采用的全张纸规格大都为（　　）。

A. 830 mm×1168 mm　　B. 768 mm×1024 mm

C. 787 mm×1092 mm　　D. 787 mm×1024 mm

9. 在印刷色彩的标注中，CMYK 分别代表了（　　）四种颜色的油墨。

A. 青、黑、品红、黄　　B. 品红、青、黄、黑

C. 青、品红、黄、黑　　D. 品红、青、黑、黄

10. 在印刷的 CMYK 图像中，当四种成分的百分比均为 100%时，则会得到（　　）。

A. 红色　　B. 绿色

C. 白色　　D. 黑色

11. 开本是印刷与出版部门表示书刊（　　）的术语。

A. 厚薄　　B. 书号

C. 装订　　D. 大小

12. 在印刷的 CMYK 图像中，当 M、Y 成分的百分比均为 100%时，则会得到（　　）。

A. 红色　　B. 绿色

C. 蓝色　　D. 黄色

13. 在分色制版工艺中，想获得青版阴图片，需利用的滤色镜颜色是（　　）。

A. 橘红　　B. 蓝

C. 绿　　D. 黄

14. 在制版照相分色工艺中，依点的大小来控制油墨面积的照相工艺是（　　）。

A. 连续调照相　　B. 网点版调照相

C. 线条版调照相　　D. 半色调照相

15. 色彩渐变，制版称之为（　　），就是在指定的面积里，用有规律的、由深至浅的印刷效果，将多种颜色混合化网产生千变万化的色彩渐变。

A. 化网　　B. 挂网

C. 撞网　　D. 去网

16. 在印刷的CMYK图像中，将70%的Y、100%的M及50%C的网点三色组合则会得到（　　）。

A. 胭脂红色　　B. 草绿色

C. 柠檬黄色　　D. 黑色

17. 电子分色的133网目线通常用于（　　）。

A. 报版　　B. 画册

C. 刊物杂志　　D. 商业图片

18. CMYK的颜色通道的数值是（　　）。

A. 0～100之间　　B. 0～128之间

C. 0～50之间　　D. 0～255之间

19. 在一般的印刷设计中，要充分考虑出血后的版面切割问题，常在正稿上将印刷外沿延伸（　　）mm，其作用是防止图文出现漏白。

A. 3　　B. 4

C. 5　　D. 6

20. 适用于重要著作、科技图书、学术刊物、教材等正文用纸的是（　　）。

A. 白报纸　　B. 白板纸

C. 凸版纸　　D. 凹版印刷纸

21. 在印刷中，画册和商业图片出菲林时最为适宜的加网线数为（　　）。

A. 200线　　B. 133线

C. 175线　　D. 150线

22. 一般在骑马订装订的画册设计的时候，画册的总页数应该可以被（　　）整除。

A. 2　　B. 4

C. 6　　D. 8

23. 在色彩混合原理中，红光+绿光得到（　　）。

A. 白光　　B. 黄光

C. 品红光　　D. 青光

24. 加色法三原色为（　　）。

A. 红、绿、蓝　　B. 红、黄、蓝

C. 品红、黄、湖蓝　　D. 品红、绿、湖蓝

25. （　　）是指正反两个内容分两块印版，正面印完换反面印版再印。

A. 自翻版　　B. 正反版

C. 正反套印　　D. 滚拌印刷

26. （　　）是将一个书帖按页码顺序套在另一个书帖的里面，成为一本书刊的书芯，最后把书芯的封面套在书芯的最外面。

A. 配帖法　　B. 折叠法

C. 套帖法　　D. 组合法

27. 在印刷颜色中的品红、黄、青相加为（　　）。

A. 白色　　B. 黑色

C. 紫色　　D. 绿色

28. 主要在印制较高级彩色印刷品时使用，如画报、画册、高级书籍封面等，油墨吸收性均匀、平滑，质地紧密不透明的是（　　）。

A. 新闻纸　　B. 胶版纸

C. 白板纸　　D. 铜版纸

29. RGB 颜色通道的数值是（　　）。

A. 0 ～ 100 之间　　B. 0 ～ 128 之间

C. 0 ～ 50 之间　　D. 0 ～ 255 之间

30. 平版印刷 CMYK 色彩模式中的“C”指的是（　　）。

A. 红　　B. 黄

C. 青　　D. 黑

31. 书帖是指书籍印张按（　　）顺序折叠成帖，装订在一起，因此书帖即是一种装订形式。

A. 内容　　B. 印刷

C. 页码　　D. 厚薄

32. 在印刷的 CMYK 图像中，当 M 的百分比为 100% 时，则会得到（　　）。

A. 品红　　B. 绿色

C. 白色　　D. 黑色

33. 纸张开本是印刷与出版部门表示书刊（　　）的术语。

A. 纸张数量　　B. 纸张厚度

C. 纸张大小　　D. 纸张页码

34. 某图像在显示器中显示的颜色在印刷时不能表现的原因是CMYK的色域比RGB色域（　　）。

A. 大　　B. 小

C. 相同　　D. 不相关

35. 在印刷中，一般图片出菲林时最为适宜的加网线数为（　　）。

A. 200 线　　B. 133 线

C. 175 线　　D. 150 线

36. 人们把 DTP 及 DTR 技术一并称之为（　　）。

A. 彩色桌面出版系统　　B. 色彩管理系统

C. 彩色电子印前系统　　D. 电子排版系统

37. 加色法成像原理中，黄光＋蓝光会得到什么颜色光？（　　）

A. 白光　　B. 绿光

C. 品红光　　D. 青光

38. 减色法成像原理中，品红＋黄会得到什么颜色？（　　）

A. 绿色　　B. 朱红

C. 蓝色　　D. 黑色

39. 减色法成像原理中，黄色＋青色会得到什么颜色？（　　）

A. 绿色　　B. 橘红

C. 蓝色　　D. 黑色

40. 在印刷工艺中，补色关系被称为：基本色和（　　）。

A. 相反色　　B. 波长色

C. 全色　　D. 绝对色

41. 制版工序中，文字版必须经过检索单字、设计版面、打印样张、反复校对、纠正错误等一系列处理，称为（　　）。

A. 计算机文字信息处理　　B. 拼版

C. 计算机图像信息处理　　D. 联版

42. 单色印刷网点灰度指定是利用百分比，例如 100%即（　　）。

A. 黑色　　B. 白色

C. 灰色　　D. 实地

43. 国外称之为印前处理，国内称之为（　　　），包括电子排版、电子分色、整页组版和色彩打样四大部分。

A. 制版　　　　B. 拼版

C. 陷印　　　　D. 联版

44. 制版机械有滚筒式照排机、（　　　）、外滚筒式照排机。

A. 圆压圆型印刷机　　　　B. 绞盘式照排机

C. 轮转印刷机　　　　D. 孔版印刷机

45.（　　　）称为写字版或烂版。

A. 线条版调照相　　　　B. 连续版调照相

C. 网点版调照相　　　　D. 透明版调照相

46. 分色将色彩稿摄成整套一式四张的连续版调的分色阴片，再由这些分色阴片翻制成为整套网线分色阴片，称之为（　　　）。

A. 直接分色　　　　B. 间接分色

C. 电子分色　　　　D. 照相分色

47. 分色照相所使用的原稿可分为（　　　）和反射原稿。

A. 透明原稿　　　　B. 文字原稿

C. 半透明原稿　　　　D. 彩色原稿

48. 水彩画、油画、彩色照片属于（　　　）原稿。

A. 透明　　　　B. 反射

C. 彩色　　　　D. 半透明

49. 在设计书籍封面时，为求正反面的对称，为求效率，通常我们采用何种工艺（　　　）。

A. 图片合成　　　　B. 图文透叠

C. 反转制版　　　　D. 制版合成

50. 图片合成的技法有（　　　）和摄影合成。

A. 制版合成　　　　B. 分色合成

C. PS 合成　　　　D. 文图合成

51. 刊物杂志版、模造纸，平装书籍用（　　　）线比较合适。

A. 85　　　　B. 133

C. 175　　　　D. 150

52. 凸版纸适用于重要著作、科技图书、学术刊物、教材等正文用纸，纸张号数越（　　　）越好。

A. 大　　　　B. 小

C. 多　　D. 少

53. 印刷画册、封面、明信片、精美的产品样本通常选用（　　）纸张比较合适。

A. 铜版纸　　B. 白板纸

C. 合成纸　　D. 新闻纸

54. A3 的尺寸（　　）。

A. 297 mm×420 mm　　B. 594 mm×841 mm

C. 210 mm×297 mm　　C. 420 mm×594 mm

55. 比较厚的纸如封面纸等都必须（　　）折叠，否则要进行压痕处理才能获得清晰折痕。

A. 压印　　B. 顺丝缕

C. 机器　　D. 印版

56. 以下哪种方式称为“打翻斗”？（　　）

A. 拼版　　B. 折版

C. 正反版　　D. 自翻版

二、填空题

1. 加色效应：两种以上的色光相混合，使人的色觉神经产生一种视觉效果，也叫色光的“__________”原理。如：红光＋绿光＝__________。

2. 减法原理：印刷颜色中的青、__________、__________相加为黑色，这三种色料相加能产生无穷无尽的颜色。

3. 在印刷工艺中，补色关系被称为：__________色和__________色。

4. 灰色指定是利用百分比，例如100%即__________，50%为中灰色，50%以上的灰（深灰），应用__________字；50%以下（浅灰）则用黑色字。

5. 制版工序由计算机文字信息处理、__________、__________三部分组成。

6. 国外称之为印前处理，国内称之为__________，包括电子排版、__________、整页组版和彩色打样四大部分。

7. 随着电子技术的飞速发展，人们把__________和__________一并称为彩色电子印前系统。

8. 我国传统使用平版胶印彩色印刷版的分色方式主要有两种：照相加网分色，简称照相分色，俗称__________；电子分色，简称__________。

9. 各种印刷品对于电子分色网线数目的要求中，85 线用于__________版；200 线用于____________________版。

10. 传统的制版设计方法有：反转制版、________________、__________________。

11. 新闻纸也叫_____________，是_____________及书籍的主要用纸。

12. 平板纸尺寸有 A 度纸，原纸张称为 A0，尺寸为______________平方米，沿着纸张的_____________对折裁切生成 A1，同方法再次裁切，以此类推。

13. 印刷中采用的纸张尺寸都比实际图文区域尺寸还要大，因为纸张的边缘还要留有印刷测控条、____________和____________等。

14. 常见的开本是_______________开（K）和________________开（K）。

15. 大度 16 开尺寸：____________mm×____________mm。

16. 标准 A4 尺寸：____________mm×____________mm。

17. 咬口尺寸一般留_______________～_______________mm 宽度。

18. 常用骑马订方法装订成册，页码总是被_____________整除，一般用于_____________或小册子。

19. 黄、品红、青三原色中的任意两色混合的颜色称为_________，黄、品红、青三原色的混合颜色为_______色。

20. 在 RGB 颜色立方体中，R＝G＝B＝0 表示_______色。R＝G＝B＝255 表示_______色。

三、名词解释

1. 演色表（颜色表）

2. 色彩渐变

3. 电子分色

4. 铜版纸

5. 凹版纸

6. 白板纸

7. 拼版

8. 出血位

9. 印刷咬口位

10. 书帖

11. 套帖法

12. 配帖法

13. 自翻版

14. 正反版

15. 正反套印

16. 折页

四、简答题

1. 电子分色的优点。

2. 简述 7 种常用纸张的特点。

3. 印刷制版包括哪些工序?

4. 简述加色法与减色法的原理。

5. 什么制版照相和照相分色?

6. 折页的方式有哪些?

7. 拼版工艺包括哪些?

参考答案及解析

一、单项选择题

1. 【答案】B(第 27 页)

   【解析】补色在印刷中具有很大的应用价值，制版分色就是利用补色滤色镜来获得阴图软片的。若要分别获得印刷中的品红、黄、青三原色的分色阴图，就必须分别用绿、蓝紫、橘红色光三原色的滤色镜进行分解。

2. 【答案】C(第 27 页)

   【解析】颜色的三原色中，品红+黄=(朱)红(比品红、黄深)，黄+青=绿(比黄、青深)，青+品红=蓝(紫)(比青、品红深)。

3. 【答案】B(第 49 页)

   【解析】大度 16K 是 210 mm×285 mm。

4. 【答案】C(第 50 页)

   【解析】一般出血的印刷成品图文，应向外延伸 3 mm，便于后期制作。

5. 【答案】C(第 26 页)

   【解析】印刷的基本色彩模式是 CMYK。

6. 【答案】D(第 26 页)

【解析】印刷的三原色中的洋红（M）相当于水粉颜料中经稀释的玫瑰红。

7.【答案】B（第 27 页）

【解析】加原色和减原色的关系为互补色。减原色品红——绿，减原色黄——青，减原色青——橘红。

8.【答案】C（第 49 页）

【解析】由于 787 mm×1092 mm 纸张的开本是我国自行定义的，与国际标准不一致，因此是一种需要被逐步淘汰的非标准开本。

9.【答案】C（第 26 页）

【解析】在印刷色彩的标注中，CMYK 分别代表了青、品红、黄、黑四种颜色的油墨。

10.【答案】D（第 26 页）

【解析】在 Photoshop 软件的色板命令中，当四种成分的百分比均为 100%时，显示颜色为黑色。

11.【答案】D（第 49 页）

【解析】开本是印刷与出版部门表示书刊大小的术语。

12.【答案】A（第 27 页）

【解析】颜色的三原色中，品红＋黄＝（朱）红（比品红、黄深），黄＋青＝绿（比黄、青深），青＋品红＝蓝（紫）（比青、品红深）。

13.【答案】A（第 27 页）

【解析】补色在印刷中具有很大的应用价值，制版分色就是利用补色滤色镜来获得阴图软片的，若要分别获得印刷中的品红、黄、青三原色的分色阴图，就必须分别用绿、蓝紫、橘红色光三原色的滤色镜进行分解。

14.【答案】B（第 31 页）

【解析】网点版调照相：凡是原稿画面有明暗浓淡的层次现象的，必须经过网点照相，使其层次依点的大小来控制油墨的面积。

15.【答案】A（第 28 页）

【解析】色彩渐变，制版称之为化网，就是在指定的面积里，用有规律的、由深至浅的印刷效果，将多种颜色混合化网产生千变万化的色彩渐变。

16.【答案】A（第 29 页）

【解析】要重现胭脂红色，则需要将 70%黄（Y）的网点、100%的红（M）及 50%青（C）的网点三色组合。

17.【答案】C（第 37 页）

【解析】教材图表 3-16 中，133 线用于刊物杂志。

18.【答案】A（软件实践操作）

【解析】Photoshop 软件颜色面板中的 CMYK 颜色通道值为 0 ～ 100 之间，RGB 颜色通道值为 0 ～ 255 之间。

19.【答案】A（第 50 页）

【解析】一般出血的印刷成品图文，应向外延伸 3 mm，其作用是防止图文出现漏白。

20.【答案】C（第 46 页）

【解析】凸版纸是凸版印刷书籍、杂志用纸，适合于重要著作、科技图书、学术刊物、教材等正文用纸。

21.【答案】C（第 37 页）

【解析】教材图表 3-16 中，175 线用于画册和商业图片。

22.【答案】B（第 54 页）

【解析】骑马订是将印刷成品在其中缝（跨页间）。用订书钉装订成册，同时连同封面、封底、内页页面总数能被 4 整除。

23.【答案】B（第 26 页）

【解析】加色效应：两种以上的色光相混合，使人的视觉神经产生另一种色觉效果，也叫色光的“加色法”原理。如红光＋绿光＝黄光，绿光＋蓝光＝青光，红光＋蓝光＝品红光，红光＋绿光＋蓝光＝白光，黄光＋蓝光＝白光。

24.【答案】A（第 26 页）

【解析】加色法也称光的颜色，没有光就没有色，三原色为红、绿、蓝故称它们为三原色光。

25.【答案】B（第 57 页）

【解析】正反版是正反两个内容分两块印版，正面印完换反面印版再印。印数超过 5000 份时都采用此方法印刷。

26.【答案】C（第 54 页）

【解析】套帖法是将一个书帖按页码顺序套在另一个书帖的里面，成为一本书刊的书芯，最后把书芯的封面套在书芯的最外面，常用骑马订方法装订成册，一般用于期刊或小册子。

27.【答案】B（第 26 页）

【解析】在减色法中三原色品红、黄、青三色相加会得到深棕色，也就是理论上的黑色。

28.【答案】B（第 46 页）

【解析】胶版纸主要供平版（胶印）印刷机或印制较高级彩色印刷品时使用，如画报、画册、宣传画、高级书籍封面、插图等。这种纸伸缩性小，油墨吸收性均匀、平滑，质地紧密不透明，白度好，抗水性强。

29.【答案】D（软件实践操作）

【解析】Photoshop 软件颜色面板中体现 RGB 颜色通道值为 0 ～ 255 之间。

30.【答案】C（第 26 页）

【解析】C（青）、M（品红）、Y（黄）、K（黑）。

31.【答案】C（第 53 页）

【解析】书帖是指书籍印张按页码顺序折叠成帖，装订在一起，因此书帖即是一种装订形式。

32.【答案】A（第 26 页）

【解析】印刷的 CMYK 图像中，M 为 100%时会得到品红（洋红）色，属于红色调。

33.【答案】C（第 49 页）

【解析】开本是印刷与出版部门表示书刊大小的术语。

34.【答案】B（教材＋实践）

【解析】根据题目分析，① 显示器显示的是 RGB 颜色，印刷时无法体现。② 印刷中的颜色是 CMYK。③ 从加色法与减色法概念中理解。

35.【答案】D（第 37 页）

【解析】教材图表 3-16 中，150 线用于一般图片。

36.【答案】C（第 25 页）

【解析】随着电子技术的飞速发展，传统的电分机彩色复制技术已被桌面出版系统（DTP）及桌面彩色复制技术（DTR）所取代，所以人们又把 DTP 及 DTR 一并称为彩色电子印前系统（CEPS）。

37.【答案】A（第 26 页）

【解析】加色效应：两种以上的色光相混合，使人的视觉神经产生另一种色觉效果，也叫色光的“加色法”原理。如红光＋绿光＝黄光，绿光＋蓝光＝青光，红光＋蓝光＝品红光，红光＋绿光＋蓝光＝白光，黄光＋蓝光＝白光。

38.【答案】B（第 26 页）

【解析】Photoshop 软件中当品红色值为 100、黄色值为 100，显示颜色为（朱）红（比品红、黄深）。

39.【答案】A（第 26 页）

【解析】Photoshop 软件中当黄色值为 100、青色值为 100，显示颜色为绿色。

40.【答案】A（第 27 页）

【解析】在印刷工艺中，补色关系被称为：基本色和相反色。

41.【答案】A（第 29 页）

【解析】制版工序中文字版必须经过检索单字、设计版面、打印样张、反复校对、纠正错误等一系列处理，称为计算机文字信息处理。

42.【答案】D（第 28 ～ 29 页）

【解析】在单色印刷中，除了最深的实地及留白外，可利用不同的网点做成不同的深浅灰调。灰度指定是利用百分比，例如 100%即实地，50%为中灰色，而 20%为浅灰，等等。

43.【答案】A（第 30 页）

【解析】这即是印刷前必须进行的一系列技术处理，国外称为印前处理（Prepress Processes），我国则统称为制版，包括电子排版、电子分色、整页组版和彩色打样四大部分。

44.【答案】B（第 30 页）

【解析】制版机械有滚筒式照排机、绞盘式照排机、外滚筒式照排机。

45.【答案】A（第 29 页）

【解析】线条版调照相俗称写字版或烂版。

46.【答案】B（第 31 页）

【解析】间接分色，是先将彩色稿摄成整套一式四张的连续版调的分色阴片，再由这些分色阴片翻制成为整套网线分色阴片。

47.【答案】A（第 32 页）

【解析】分色照相所使用的原稿可分为两大类：反射原稿和透明原稿。

48.【答案】B（第 32 ～ 33 页）

【解析】所谓反射原稿即是在分色照相时利用红光射到原稿上，再反射进入镜头而摄制影像，例如水彩画、油画及彩色照片等。

49.【答案】C（第 38 页）

【解析】反转制版在印刷设计中常常遇上这样的情况，在设计书籍封面时，为求其正反面的对称，往往在制版时将另一组底片反转拼贴，这种做法是比较方便、快速的。

50.【答案】A（第 40 页）

【解析】图片合成的技法有两种：一种是摄影合成，也就是利用曝光的方式或者暗房处理的方式来达成合成的效果；另一种是制版合成。

51.【答案】B（第 37 页）

【解析】教材图表 3-16 中，133 线用刊物杂志。

52.【答案】B（第 46 页）

【解析】凸版纸是凸版印刷书籍、杂志用纸，适用于重要著作、科技图书、学术刊物、教材等正文用纸。纸张的号数代表纸质的优良程度，号数越小纸质越好。

53.【答案】A（第 46 页）

【解析】铜版纸又称涂料纸，这种纸是在原纸上涂布一层白色浆料，经压光而制成的。主要用于印刷画册、封面、明信片、精美的产品样本以及彩色商标等。

54.【答案】A（第 48 页）

【解析】教材中表 3-1，A 度纸尺寸。

55.【答案】B（第 49 页）

【解析】如果是顺丝缕，纸张比较好折；而直丝缕方向，纸张比较难折。比较厚的纸张如封面纸，都必须顺着丝缕方向折叠。

56.【答案】C（第 57 页）

【解析】正反版如果采用前后翻转印方式，这种方式俗称“打翻斗”，沿着短边翻转，翻转后咬口位置发生改变。

二、填空题

1.【答案】加色法、黄光

2.【答案】品红、黄

3.【答案】基本、相反

4.【答案】实地、反白

5.【答案】计算机图像信息处理、拼版与联版

6.【答案】制版、电子分色

7.【答案】DTP、DTR

8.【答案】直挂、电分

9.【答案】报纸、高档豪华的画册

10.【答案】图文透叠、图片合成

11.【答案】白报纸、报刊

12.【答案】1、长边

13.【答案】规矩线、裁切标记

14.【答案】16、32

15.【答案】210、285

16.【答案】210、297

17.【答案】8、10

18.【答案】4、期刊

19.【答案】间色、黑色

20.【答案】黑、白

三、名词解释

1.【答案】演色表（颜色表）是一种专门查询、对比色彩变化的工具书。（第 28 页）

2.【答案】色彩渐变，制版称之为化网，就是在指定的面积里，用有规律的、由深至浅的印刷效果，将多种颜色混合化网产生千变万化的色彩渐变。（第 28 页）

3.【答案】用电子扫描方式直接将色彩原稿分解成各个单色版的过程，称之为电子分色。（第 33 页）

4.【答案】铜版纸又称涂料纸，是在原纸上涂布一层白色浆料，经过压光而制成。（第 46 页）

5.【答案】凹版纸，纸张洁白坚挺，具有良好的平滑度和耐水性。主要用于印刷钞票、邮票等质量要求较高而又不易仿制的印刷品。（第 46 页）

6.【答案】白板纸，是指纤维组织较为均匀，面层具有填料和胶料成分，表面涂有一层涂料，经过辊压制造出来的一种纸张。（第 46 页）

7.【答案】拼版，是指印前的设计中，要将印刷的页面按其折页方式，将页码顺序编排在一起，拼合成印刷的版面。（第 50 页）

8.【答案】出血位，印刷成品边缘有图文，叫出血。一般出血每边预留 3 mm。（第 50 页）

9.【答案】印刷咬口位，纸在承印过程中首先被传达送进机器的一边，也是印版碰不到的部位。咬口尺寸一般留 8 ～ 10 mm 宽度。（第 50 页）

10.【答案】书帖是指书籍印张按照页码顺序折叠成帖，装订在一起，因此书帖即是一种装订形式。（第 53 页）

11.【答案】套帖法是将一个书帖按页码顺序套在另一个书帖的里面，成为一本书刊的书芯，最后把书芯的封面套在书芯的最外面，常用骑马订方法装订成册，一般用于期刊或小册子。（第 54 页）

12.【答案】配帖法是将各个书帖，按页码顺序一帖一帖地叠加在一起，成一本书刊的书芯，采用锁线装订或无线胶粘装订，常用于各种平装书籍和精装书籍。（第 54 页）

13.【答案】自翻版是在一个印张中，一半印正面图文，另一半印反面图文，正反面用同样的印版各印两次，成为两份印刷品。（第 57 页）

14.【答案】正反版是正反两个内容分成两块印版，正面印完换反面再印。印数超过 5000 份的都采用此方法。（第 57 页）

15.【答案】正反套印是采用两个印版进行双面印刷，印刷完第一面后，更换另一组印版印刷第二面。比如明信片。（第 57 页）

16.【答案】折页是将印刷好的大幅面书页，按照页码顺序和规定的幅面，用机器或手工折叠成书帖的过程。（第 54 页）

四、简答题

1.【答案】电子分色具有以下优点。

（1）能够准确复制彩色原稿，又能对原稿的色彩层次和底色做出理想的人为修正或变化，还能将不同的图像自然组合在同一版面上。

（2）采用“干涉滤色镜”，整个版面感光均匀、解像力高、清晰度好。

（3）通常有 85、100、110、120、133、150、175 及 200 的网目线数和平版、凹版等常用的网点形状可供选择。

（4）阴图加网分色片，又能直接制作阳图加网分色片。

（5）两色至四色可同时一次分色，生产速度快。

（6）缩放倍率高。（第 35 页）

2.【答案】（第 46 ～ 47 页）

（1）新闻纸（表 3-13）。

表 3-13　新闻纸

定义	新闻纸也叫白报纸，是报刊及书籍的主要用纸
优点	纸张轻松，有较好的弹性，吸墨性能好
	纸张经压光后两面平滑，不起毛，从而使用两面印记清晰饱满
	有一定的机械强度，纸张不透明，适合于高速轮转机印刷
缺点	含有木质素和其他杂质，不宜长期存放，如保存时间过长，纸张会发黄变脆
	抗水性差、不宜书写，必须使用印报油墨或书籍油墨印刷，油墨黏度不宜过高，平版印刷必须严格控制版面水分

（2）凸版纸（表 3-14）。

表 3-14　凸版纸

定义	凸版纸是凸版印刷书籍、杂志用纸。适用于重要著作、科技图书、学术刊物、教材等正文用纸
优点	按纸张用料成分配比可分为 1 号、2 号、3 号、4 号四个级别。纸张的号数代表纸质的优良程度，号数越小纸质越好，这种纸主要供凸版印刷使用
	经漂白处理，纤维组织均匀，吸墨均匀，抗水性能及纸张的白度好，具有较好的适应性
缺点	纤维空隙有一定量的填料和胶料填充，吸墨性不如新闻纸好

（3）胶版纸（表 3-15）。

表 3-15　胶版纸

定义	胶版纸主要供平版（胶印）印刷机或印制较高级彩色印刷品时使用，如画报、画册、宣传画、高级书籍封面、插图等
优点	按纸张浆料的配比分为特号、1 号和 2 号三种，有单面和双面之分，还有超级压光与普通压光两个等级
	伸缩性小，油墨吸收均匀、平滑，质地紧密不透明，白度好，抗水性强
缺点	应该用质量较好的铅印油墨进行印刷
	油墨黏度也不宜过高，否则会出现脱粉、拉毛现象

（4）铜版纸（表 3-16）。

表 3-16　铜版纸

定义	铜版纸又称涂料纸，是在原纸上涂布一层白色浆料，经过压光而制成
优点	单、双面两类，纸表面光滑，白度较高，纸质纤维分布均匀，伸缩性小，有较好的弹性和较强的抗水性与抗张性，对油墨的吸收性与接收状态也好
	主要用于印刷画册、封面、明信片、精美的产品样本以及彩色商标等
缺点	印刷时压力不宜过大，要选用胶印树脂型油墨以及亮光油墨进行印刷

（5）凹版印刷纸（表 3-17）。

表 3-17　凹版印刷纸

定义	纸张洁白坚挺，具有良好的平滑度和耐水性。主要用于印刷钞票、邮票等质量要求较高而又不易仿制的印刷品

（6）白板纸（表 3-18）。

表 3-18　白板纸

定义	是一种纤维组织较为均匀，面层具有填料和胶料成分，且表面涂有一层涂料，经多辊压光制造出来的一种纸张
特点	纸面色质纯度较高，具有较为均匀的吸墨性和耐折度
	主要用于商品包装盒、商品裱衬、画片挂图等

（7）合成纸（表 3-19）。

表 3-19　合成纸

定义	合成纸是利用化学原料加入一些添加剂制作而成
特点	质地柔软，抗拉力强，抗水性高，耐光、耐冷热，透气性好，能抵抗化学物质的腐蚀又无环境污染
	广泛应用于高级艺术品、地图、画册、高档书刊等

3.【答案】传统的制版工序有三大部分。

（1）计算机文字信息处理：文字版必须经过检索单字、设计版面、打印样张、反复校对、纠正错误等一系列处理。

（2）计算机图形信息处理：图像原稿需要经过照相或扫描，记录在感光材料或磁盘、磁带等载体上，并修正层次和色彩，制成单色或彩色样张。

（3）拼版与联版：即将文字和图形组合后的版式整页页面规格拼版，成为对开或四开的印刷版面，然后翻制胶片进行制版。国外称之为印前处理，国内称之为制版，包括电子排版、电子分色、整页组版和彩色打样四大部分。

（4）制版机械有滚筒式照排机、绞盘式照排机、外滚筒式照排机。（第 29 页）

4.【答案】（1）加色效应：两种以上的色光相混合，使人的视觉神经产生另一种色觉效果，也叫色光的“加法色”原理。光的三原色：红光、蓝光、绿光。如：红光＋绿光＝黄光；绿光＋蓝光＝青光；红光＋蓝光＝品红光；红光＋绿光＋蓝光＝白光，如两色光相加会得到白光，那么这两色光为互补色光，混合结果为白。

（2）减法原理：印刷颜色中的品红色、黄色、青色相加为黑色，这三种颜色按不同比例调和能产生无穷的色彩。

（3）加原色与减原色是互补关系。（第 26 页）

5.【答案】（1）制版照相。

① 制版照相是在室内操作，将普通照相摄取的照片或者彩色透明片之类的反射原稿或透明原稿，作分色或网版照相，或其他有关设计稿件上的黑白稿照相。

② 制版照相分为：线条版调照相、连续版调照相、网点版调照相。

A. 线条版调照相，俗称写字版或烂版。

B. 连续调照相：摄制是针对分色阴片、珂罗版及照相凹版所用的阴片而设。

C. 网点版调照相：凡是原稿画面有明暗浓淡的层次现象的，必须要经过网点照相，使其层次依点的大小来控制油墨的面积。

③ 制版照相工作分为直接分色和间接分色。

A. 直接分色，是使用接触网片直接将彩色稿摄成网点分色片。

B. 间接分色，是先将彩色稿摄成整套一式四张的连续版调的分色阴片，再由这些分色阴片翻制成为整套网线分色阴片。

（2）照相分色。

照相分色就是利用色彩学的三原色原理将所摄取的彩色原稿用红、绿、蓝三种颜色加以分色，使原稿上各种不同的色泽经滤色镜摄成可供晒制青色、洋红、黄色三种印版的分色阴片，再以这三张底片制成印版分别用三原色油墨套印，即可产生出与原稿相同的各种色彩。为加强其摄影的细致和对比以及其画面的深度，还需要加摄一张黑版的分色底片，以供晒制黑版之用，构成印刷四原色。（第 30 ～ 32 页）

6.【答案】折页是将印好的大幅面书页，按照页码顺序和规定的幅面折叠成书帖的过程。

常见的折页方式有前后手风琴式折页、经书式折页、前 / 后折叠插页、三对页平行折叠、后 / 前折页、半封面式折页、对头式 Z 形折页、自成封面式折页、双层折叠插页。

① 前后手风琴式折页：有三对平行的折页，两个外翼向内折并折向中间，中间的两页作为封面。

② 经书式折页：实际上也属于手风琴式折页，它是把后两页作为书的封面，其他折页都向封面折拢。

③ 前 / 后折叠插页：两边的折页向前或向后折叠。

④ 三对页平行折叠：平行折页折叠后并向封面折拢（从前面打开），这种折叠方式比较适用于地图。

⑤ 后 / 前折页：中间的封面为封面页，两边的折页折叠并裹住封面。

⑥ 半封面式折页：前后两个半页作为封面，中间采用手风琴式的方式进行折叠。

⑦ 对头式 Z 形折页：两个 Z 形折页向中间折拢并在中间“碰头”。

⑧ 自成封面式折页：把前两页作为封面，其他的折页折进这两页之间（当然前两页的尺寸要比其他折页的尺寸大一些）。

⑨ 双层折叠插页：此折叠插页的两边都有三个折页，它们向中间折拢就形成了双层折叠插页。（第 54 ～ 57 页）

7.【答案】分为自翻版、正反版、正反套印三种：

（1）自翻版是在一个印张中，一半印正面图文，另一半印反面图文，正反面用同样的印版各印两次，成为两份印刷品。特点：可以节省印工和 PS 版。

（2）正反版是正反两个内容分成两块印版，正面印完换反面再印。印数超过 5000 份的都采用此方法。

（3）正反套印即采用两个印版进行双面印刷，印刷完第一面后，更换另一组印版印刷第二面。比如明信片。特点：图文太大或者正反面图文不对称时需使用正反套印。（第 57 页）

第四章　网线图形

印刷图形的工艺性与原创性

知识框架

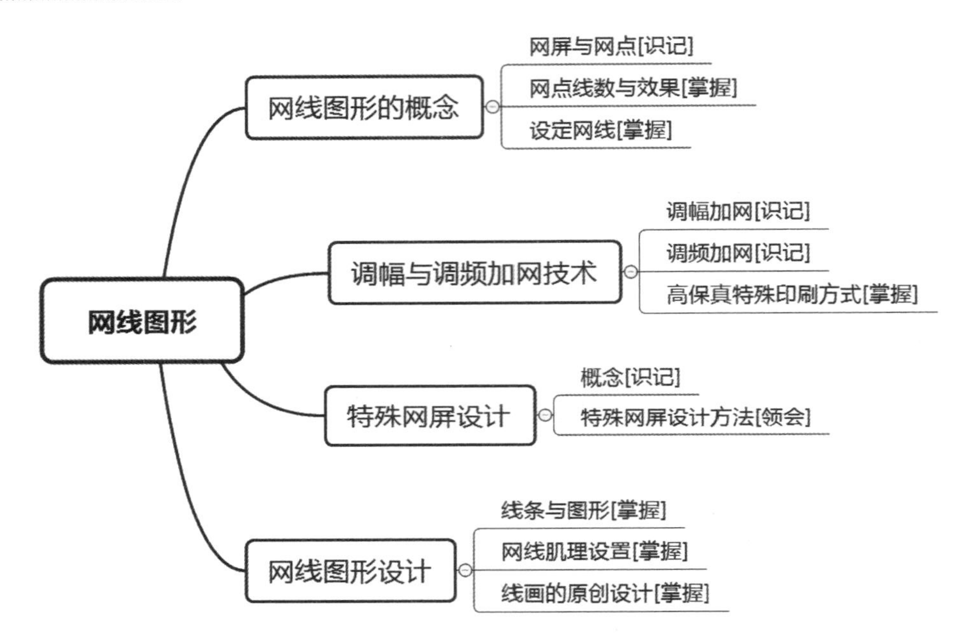

第一节　网线图形概念

【单选】传统的印刷原理，在有图形的印刷品中，图形是由大小不同的网点组成的，与普通的照片给人的感觉是不同的。

考点一　网屏与网点（第 66 ~ 68 页）

【单选】网点形成原理：网点是形成印刷图像的基本元素，又可称为像素。网点可分为调幅网和调频网两种（图 4-1、图 4-2）。

【名词解释】像素：是指在由一个数字序列表示的图像中的一个最小单位，在印刷中网点形成印刷图形的基本元素也可称为像素。

图 4-1 调幅网

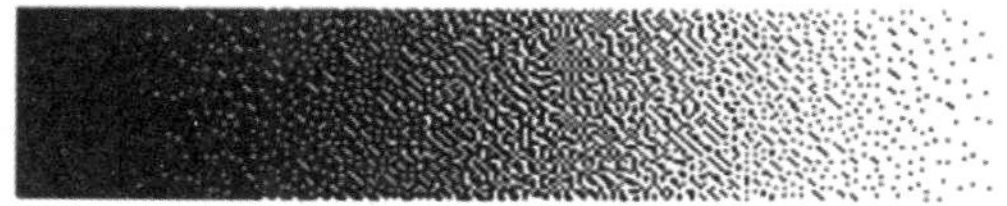
图 4-2 调频网

【单选 / 多选 / 判断】网屏（表 4-1）。

表 4-1 网屏

网屏	定义	网点的工艺形式被称为“网屏”，网屏是印刷设计最基本的元素之一，是专用于加网的电脑软件系统，可加调频网和调幅网
	材料分类	玻璃网屏及接触网屏两种
	种类	有方形、链形、圆形等，此外还有特殊的网屏，像砂目网、平行网屏等

同步练习

【2018 年 4 月 · 单选】形成印刷图像的基本元素是（　　）。

A. 点　　B. 线条

C. 网点　　D. 实地

【答案】C（第 65 页）

考点二 调幅网、调频网、网点角度

【单选 / 判断】调幅网以网点的大小表现图形的深淡。其基本要素有：网点大小、网点线数、网点角度、网点形状。其易产生龟纹，又称莫尔纹。

【单选 / 判断】调频网是以单位面积里同等大小的网点的密度不同表现图像的深淡。小网点表现亮调，中等网点表现中间调，大网点表现暗调。其不易产生龟纹。

【名词解释】龟纹：因为网线角度设置不当，网点冲突而产生的有污点的干扰网纹。

【名词解释】半色调：又称灰度级，它是反映图像亮度层次、黑白对比变化的技术指标。

【单选 / 填空 / 判断】网点角度（表 4-2、图 4-3）（针对调幅网而言）。

表 4-2 网点角度

序号	分类	网点角度
1	单色印刷	其网线角度多是采用 45°，视觉上最为舒服，不易察觉网点的存在，可形成连续灰调的效果
2	变色或变调的印刷	两个网的角度相差 30°，否则要产生花纹，称之“撞网”。一般变色印刷主色或深色用 45°，淡色用 75°，如三色，需设定 45°、75°、105° 三个角度
3	四色印刷	分别是红 75°、黄 90°、蓝 105° 及黑 45°

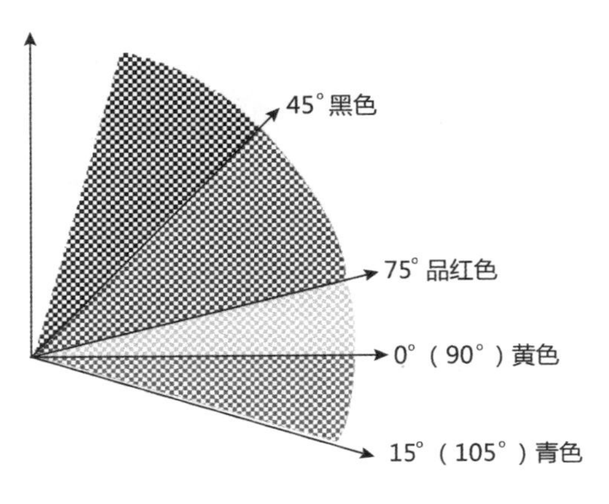

图 4-3 网点角度

同步练习

1.【2018 年 4 月 · 单选】三色印刷采用的加网角度通常是（　　）。

A. 0°、15°、45°　　B. 0°、75°、45°

C. 75°、105°、45°　　D. 15°、75°、0°

【答案】C（第 68 页）

2.【2017 年 10 月 · 单选】0°、75°、45°、15° 四种加网角度，在视觉上感受的舒适程度也不一样，其中，（　　）。

A. 45° 最好，0° 最差　　B. 45° 最好，15° 最差

C. 75° 最好，15° 最差　　D. 75° 最好，0° 最差

【答案】A（第 68 页）

考点三　网点线数与效果（第 68 ~ 69 页）

【单选】网点的线数以 2.54cm（1 英寸）距离内排列的网点数为标准。

【名词解释】网线：指半色调印刷网点在页面上每英寸的线数（lpi）或网点排列，也就是每英寸所含的线数。

【单选】区域颜色越深，则网点越大；区域颜色越浅，则网点越小。

【单选】一件每英寸 300 点分辨率（dpi）的常见的激光印品大约是 150 网线（lpi）。

考点四　设定网线（第 69 ~ 70 页）

【单选计算题】对印刷的图像不进行缩放，计算公式为：线数（lpi）×2 ＝扫描分辨率（dpi），将印刷的线数定为 150lpi。

扫描分辨率应是：150（lpi）×2 = 300（dpi）

【单选计算题】对印刷的图像进行缩放的，计算公式为：印刷图像高度 / 原图像高度 × 线数（lpi）×2 =扫描分辨率（dpi）。

【单选计算题】用 Lawler 因子的方法来计算，1.25× 线数（lpi）× 放大百分比=扫描分辨率（dpi）。

第二节 调幅与调频加网技术

考点一 调幅加网、调频加网（第 70 页）

【名词解释】连续调：在印刷设计中，原稿图像上从高光到暗调部分以连续密度形成的浓淡层次称为连续调。

【单选】调幅加网：是目前使用最为广泛的一种加网技术；其原理是通过调整网点的大小来表现色彩的深浅，从而实现了色调的过渡；在印刷中，调幅网点的使用主要需考虑网点大小、网点形状、加网线数和加网角度等因素。

【单选】调频加网：将网点固定在一个网格里，通过改变网点面积的大小，来表现图像的浓淡层次变化；网点随机分布；不存在加网角度的问题；可以在传统的 CMYK 四色印刷的基础上再增加几种颜色，以拓宽其印刷色彩的表现力。调频网点非常小。

考点二 高保真特殊印刷方式（第 70 ~ 72 页）

【单选 / 简答】高保真特殊印刷方式：采用调频网点，在色彩再现范围、印刷密度、清晰度和层次等方面，与四色加网技术相比都有重大发展，是调频加网技术的提升（表 4-3）。

表 4-3 高保真特殊印刷方式

序号	高保真四种印刷方式	特点
1	采用纯度较高的（CMYK）油墨	可扩大色调范围
2	四色再加 RGB 油墨（CMYK + RGB）	避免产生龟纹
3	四色另加 CMY（CMYK + CMY）	不会产生龟纹
4	四色油墨加特种油墨（CMYK + OG）	橙色、绿色

第三节 特殊网屏设计

考点一 特殊网屏（第 72 页）

【单选】 特殊网屏是印刷设计人员进行图形创意的传统方法之一。

【单选】 特殊网屏较常用的有砂目网屏、波浪网屏、直线网屏、垂直线网屏、同心圆网屏等。帆布纹网屏、亚麻皮纹网屏、砖纹网屏等特殊网屏是设计师根据特殊效果需要而设计的。

同步练习

【2018 年 4 月 • 单选】特殊网屏常用的有砂目网屏、波浪网屏、直线网屏等，是印刷设计人员进行（　　　）的重要手段之一。

A. 快速拼版　　　　B. 增加网目

C. 文本处理　　　　D. 图形创意

【答案】D（第 72 页）

考点二 特殊网屏设计方法（第 73 ~ 74 页）

【简答】 特殊网屏设计方法。

（1）特殊制版的传统制作。

过程大致是先利用产品照片的底片将几个主要的文字部分、中间调部分以及暗部分开。然后将这三部分分别进行修正，最后将这些底片重新组合，再翻成一张正片，对细节修正后完成一张明朗、清爽的照片。

（2）连续调变成高反差。

连续调的图片从亮调到暗调部分层次非常丰富，经过制版底片的特性来改变整个版面的阶调，获得特殊的效果。高反差的利斯底片用线条照相方式直接处理图片，图片阶调向亮调和暗调两极分化，最终形成类似于黑白版画般的效果。

（3）版调转换。

将正常的图片网点阶调拉平，使暗部网点变小，整个图片明暗对比降低，达到软调效果。利用分色形式适当地减少图的层次进行淡网设计，能达到突出主题、丰富画面或特殊效果等目的，是印刷设计独具的表现手法。

第四节 网线图形设计

考点一 线条与图形（第 74 ~ 76 页）

【单选】点数 0.5 的线段，在 60%黑或以上的深灰色背景上时，就开始变得模糊了。

【单选】线画是指美术作品、插图、蚀刻、图表等，为固定的单色，通常是黑白线画。

【判断】网线数越大，所印出的半色调就越细。

【单选】对于吸墨性极强的纸张如新闻纸切勿使用太细的网目，否则网点会因为吸墨过多而变大并相连，使得印刷成品变脏。

考点二 网线肌理设置（第 76 页）

【填空 / 多选 / 判断】网线肌理设置分三种（表 4-4）。

表 4-4 网线肌理的设置

序号	网线肌理设置类型	设置方法
1	点阵式图案填充	点阵式的底纹是不透明的（无法看到后面设计图），将印刷色设为 100%特别色或印刷色进行印刷
2	质感与自定底纹	选择一系列表现质感的图形来填充即可创造出有趣的效果
3	字母变形	选择 Bend（弯曲）把字体变扭曲或变形

考点三 线画的原创设计（第 77 页）

【填空 / 多选 / 判断】线画原创设计的四种方式：线画的缩放、线画的斜向变形与透明感、线画中的渐变功能、平网线画。

章节训练

一、单项选择题

1. 网点又可称为（　　）。

A. 精度　　B. 像素

C. 辨析度　　D. 网屏

2. 在印刷品中，图片是由大小不同的点所组成的，这种网点的工艺形式被称之为（　　），是印刷设计最基本的元素之一。

A. 网屏　　B. 网版

C. 网目　　D. 网纹

3. 调幅网点再现印刷品图像浓淡层次依赖于单位面积内的（　　）。

A. 网点数目　　B. 网点颜色

C. 网点大小　　D. 网点形状

4. 在一般的单色印刷中，其制版的网线角度多采用（　　），以产生最舒适的视觉效果。

A. 90°　　B. 45°

C. 75°　　D. 105°

5. 一般的彩色印刷品（胶印），在菲林输出时以每英寸（　　）dpi 左右的输出分辨率为最适宜。

A. 100　　B. 200

C. 300　　D. 400

6. 在印刷制版中，通常将两个网的角度相差（　　），便不会出现撞网现象。

A. 30°　　B. 45°

C. 60°　　D. 75°

7. 通过单位面积内的网点数目来再现印刷品图像浓淡层次的网点是（　　）。

A. 调幅网点　　B. 调频网点

C. 晶体网点　　D. 方形网点

8. 特殊网屏常用的有砂目网屏、波浪网屏、直线网屏等，是印刷设计人员进行（　　）的重要手段之一。

A. 快速拼版　　B. 增加网目

C. 文本处理　　D. 图形创意

9. 调幅网其基本要素有：网点大小、（　　）、网点角度、网点形状。

A. 网点精度　　B. 网点线数

C. 网点深浅　　D. 网点密度

10. 网点线数是以（　　）cm（1 英寸）距离内排列的网点数量为标准。

A. 3　　B. 3.33

C. 2　　D. 2.54

11. 对印刷的图像扫描分辨率进行缩放的公式为（　　）。

A. 线数（lpi）×2

B. 印刷图形高度 / 原图像高度 × 线数（lpi）×2

C. 1.25× 线数（lpi）× 放大百分比

D. 线数（lpi）×3

12. 高保真彩色印刷采用的是（　　），超过四色的分色技术。

A. 调幅网点　　B. 调频网点

C. 加网　　D. 分网

13. 以下高保真特殊印刷方式哪种可以避免产生龟纹？（　　）

A. 采用纯度较高的（CMYK）油墨

B. 四色再加 RGB 油墨（CMYK + RGB）

C. 四色另加 CMY（CMYK + CMY）

D. 四色油墨加特种油墨（CMYK + OG）

14. Hexachrome 六色叠印系统由新改良的 CMYK 油墨、Pantone 绿色和 Pantone Hexachrome（　　）组成。

A. 反光蓝　　B. 红色

C. 高饱和绿色　　D. 橙色

15. （　　）是目前使用最为广泛的一种加网技术。

A. 调频网　　B. 调幅网

C. 调频加网　　D. 调幅加网

16. 连续调变成高反差跟以下哪种艺术表现形式效果比较相似？（　　）

A. 黑白木刻　　B. 摄影照片

C. 油画　　D. 水粉画

17. 正常图片的阶调从亮部到暗部的网点分布情况为（　　）。

A. 25%～75%　　B. 50%～100%

C. 50%～95%　　D. 50%～75%

18. 点数 0.5 的线段，在（　　）黑或以上的深灰色背景上时，开始变得模糊。

A. 40%　　B. 50%

C. 60%　　D. 70%

19. 以下哪种设置不是网线肌理设置？（　　　）

A. 质感与自定底纹　　　　B. 点阵式图案填充

C. 平网线画　　　　D. 字母变形

二、填空题

1. 传统印刷原理中，有图形的印刷品种，图形是由大小不同的________组成的，与普通的照片给人的感觉不同。这种网点的工艺形式被称为“________”，是印刷设计最基本的元素之一。

2. 调幅网的基本要素有：网点大小、________、________、网点形状。易产生龟纹。

3. 单色印刷时，其网线角度多是采用________，视觉上最为舒服，不易察觉网点的存在，形成________的效果。

4. 变色或变调的印刷：两个网的角度相差________，否则要产生花纹，称之“________”。

5. 四色印刷时，则分别是红________、黄________、蓝 105° 及黑 45° 。

6. 特殊网屏是印刷设计人员进行________的传统方法之一。特殊网屏较常用的有________、波浪网屏、直线网屏、同心圆网屏等。

7. 网线肌理的设置方式有点阵式图案填充、________、________ 。

8. 线画的原创设计方法有线画的缩放、________、线画中的渐变功能、________。

三、名词解释

1. 网线

2. 龟纹

3. 连续调

4. 半色调

5. 像素

6. 调幅网

7. 调频网

四、简答题

1. 调幅加网技术。

2. 调频加网技术。

3. 特殊网屏设计。

4. 网屏与网点的原理。

参考答案及解析

一、单项选择题

1.【答案】B（第 66 页）

【解析】网点是形成印刷图像的基本元素，又可称为像素。

2.【答案】A（第 65 页）

【解析】传统的印刷原理，在有图形的印刷品中，图形是由大小不同的网点组成的，与普通的照片给人的感觉是不同的。这种网点的工艺形式被称为“网屏”，而网屏是印刷设计最基本的元素之一。

3.【答案】C（第 66 页）

【解析】调幅网以网点的大小表现图形的深淡，其基本要素有：网点大小、网点线数、网点角度、网点形状。

4.【答案】B（第 67 ～ 68 页）

【解析】网点有角度之分，如单色印刷时，其网线角度多是采用 45°，这是基于此角度所印的网点在视觉上最为舒适，不易察觉网点的存在，可形成连续灰调的效果。

5.【答案】C（第 69 页）

【解析】如果对图像不进行缩放，线数转换为分辨率的公式为：线数 ×2 ＝扫描分辨率。教材第三章网线设定中，150 线用于一般图片。故一般图片扫描分辨率为 300dpi。

6.【答案】A（第 68 页）

【解析】通常将两个网的角度相差 30°，便不会出现撞网。

7.【答案】B（第 67 页）

【解析】调频网点是通过改变单位面积内的网点的密度表现不同图像的深淡。

8.【答案】D（第 72 页）

【解析】特殊网屏是印刷设计人员进行图形创意的传统方法之一。其含义指正常网屏之外其他特殊形式的网屏，较常用的有砂目网屏、波浪网屏、直线网屏、垂直线网屏、同心圆网屏等。

9.【答案】B（第 66 页）

【解析】调幅网以网点的大小表现图形的深淡，其基本要素有：网点大小、网点线数、网点角度、网点形状。

10. 【答案】D（第 67 页）

【解析】网点的线数以 2.54cm（1 英寸）距离内排列的网点数为标准。

11. 【答案】B（第 69 页）

【解析】对印刷的图像进行缩放的，计算公式为：印刷图像高度 / 原图像高度 × 线数 ×2 ＝扫描分辨率。

12. 【答案】B（第 70 页）

【解析】高保真彩色印刷就是采用调频网点、超过四色的分色技术。

13. 【答案】B（第 70 页）

【解析】四色再加 RGB 油墨（CMYK ＋ RGB），20 世纪 80 年代德国人库伯士建议在原来的四色基础上增加一个橘红色、一个反光蓝和一个高纯度饱和绿，这样把复制的色域扩大就是七色印刷，但需采用调频网点解决网版角度问题，避免产生龟纹。

14. 【答案】D（第 70 页）

【解析】某些照排机能用 600dpi（点 / 英寸）或 ppi（像素 / 英寸），表示图像分辨率的随机网点进行 Hexachrome（六色）分色来进行高质量印刷，Hexachrome 六色叠印系统由新改良的 CMYK 油墨和 Pantone Hexachrome 绿色与 Pantone Hexachrome 橙色油墨所组成。

15. 【答案】D（第 70 页）

【解析】调幅加网是目前是使用得最广泛的一种加网技术。

16. 【答案】A（第 73 页）

【解析】图片中的亮部（30% 以下的网点）很自然地消失了，中间调的部分（40% ～ 60%）变成了一种粗糙的点状构成，而暗部（70% ～ 95%）的网点则整个涂掉，形成一个很特殊的画面，这种画面很像绘画中的黑白木刻版画的效果。

17. 【答案】C（第 74 页）

【解析】正常图片的阶调从亮部到暗部的网点分布情形是 50%～ 95%，但在过网时，可将其阶调拉平，使其暗部的网点变小，如此就可使整个图片的明暗对比降低，达到软调的效果。

18. 【答案】C（第 74 页）

【解析】点数 0.5 的线段，在 60% 黑或以上的深灰色背景上时，就开始变得模糊了。

19. 【答案】C（第 76 页）

【解析】网线肌理设置有点阵式图案填充、质感与自定底纹、字母变形。

二、填空题

1.【答案】网点、网屏

2.【答案】网点线数、网点角度

3.【答案】45°、连续灰调

4.【答案】30°、撞网

5.【答案】75°、90°

6.【答案】图形创意、砂目网屏

7.【答案】质感与自定义底纹、字母变形

8.【答案】线画的斜向形与透明感、平网线画

三、名词解释

1.【答案】网线指半色调印刷网点在页面上每英寸的线数（lpi）或网点排列。（第68页）

2.【答案】出现龟纹是因为网线角度设置不当，网点冲突而产生的有污点的干扰网纹。（教材理解）

3.【答案】在印刷设计中，原稿图像上从高光到暗调部分以连续密度形成的浓淡层次称为连续调。（第70页）

4.【答案】半色调又称灰度级，它是反映图像亮度层次、黑白对比变化的技术指标。（教材理解）

5.【答案】像素是指在由一个数字序列表示的图像中的一个最小单位，在印刷中网点形成印刷图形的基本元素也可称为像素。（教材理解）

6.【答案】调幅网是通过调整网点的大小来表现色彩的深淡，从而实现色调过渡的一种加网技术。（第70页）

7.【答案】调频网是以单位面积里同等大小的网点的密度不同来表现图像的深淡，从而实现色调过渡的一种加网技术。（第70页）

四、简答题

1.【答案】（1）调幅加网是目前使用最为广泛的一种加网技术。（2）原理是通过调整网点的大小来表现色彩的深浅，从而实现了色调的过渡。（3）特点：①在印刷中，调幅网点的使用主要需考虑网点的大小、网点形状、加网线数和加网角度等因素。②会存在加网角度的问题，出现龟纹现象。③在遇到不同的印刷方式和不同纸张，需要设定相应的加网线数。（第70页）

2.【答案】（1）传统的半色调图像的网点固定在一个网格里，通过改变网点面积的大小，来表现图像的浓淡层次变化，称为调频加网。（2）特点：① 网点随机分布，不存在加网角度的问题，不会出现莫尔条纹（龟纹）现象。基于这个特点，可以在传统的四色印刷基础上增加其他颜色，拓宽色彩表现力。② 色彩范围广，创造出高保真印刷的效果。③ 要求调频网点小，不然会出现网点连接，使印刷图像发暗。（第 70 页）

3.【答案】（1）特殊网屏是印刷设计人员进行图形创意的传统方法之一。其含义指正常网屏之外，其他特殊形式的网屏，较常用的有砂目网屏、波浪网屏、直线网屏、垂直线网屏、同心圆网屏等。特殊网屏的效果，现在多是应用计算机的软件功能来制作。（2）特殊网屏的应用可改变设计中单调的图片表达方式，由富有变化的网屏去改变图片所给予人的感觉，从而达到设计者所要表达的意图。此外，特殊网屏可用来将印刷舒适性较差的图片予以掩饰，这种做法常被应用于海报或学校刊物中。目前，在印刷设计中，经常会遇到有网络下载的图片，画面变得模糊、暗部看不清楚的情况。为了能够将细节部分充分地表现出来，需要适当将模糊部分、暗部及中间部分加以修饰，这种处理方式叫特殊制版，大多用于广告印刷。（3）特殊网屏的处理方式有特殊制版的传统制作、连续调变高反差、版调转换等。（第 72 ～ 74 页）

4.【答案】（1）传统的印刷原理，在有图形的印刷品中，图形是由大小不同的网点组成的，与普通的照片给人的感觉是不同的。（2）网点是指用于印刷上的灰色调的点状表现，这种网点的工艺形式被称为“网屏”，网屏是印刷设计最基本的元素之一。（3）网屏是专用于加网的电脑软件系统，可加调频网和调幅网。网屏依其制作材料的不同，可分为玻璃网屏及接触网屏两种。（4）过网中所使用的网屏种类很多。有方形、链形、圆形等，此外尚有特殊的网屏，像砂目网屏、平行网屏等。特殊网屏是印刷设计人员进行图形创意的传统方法之一。（第 65 ～ 72 页教材理解）

第五章　图像设计

印刷图像的处理与创新

知识框架

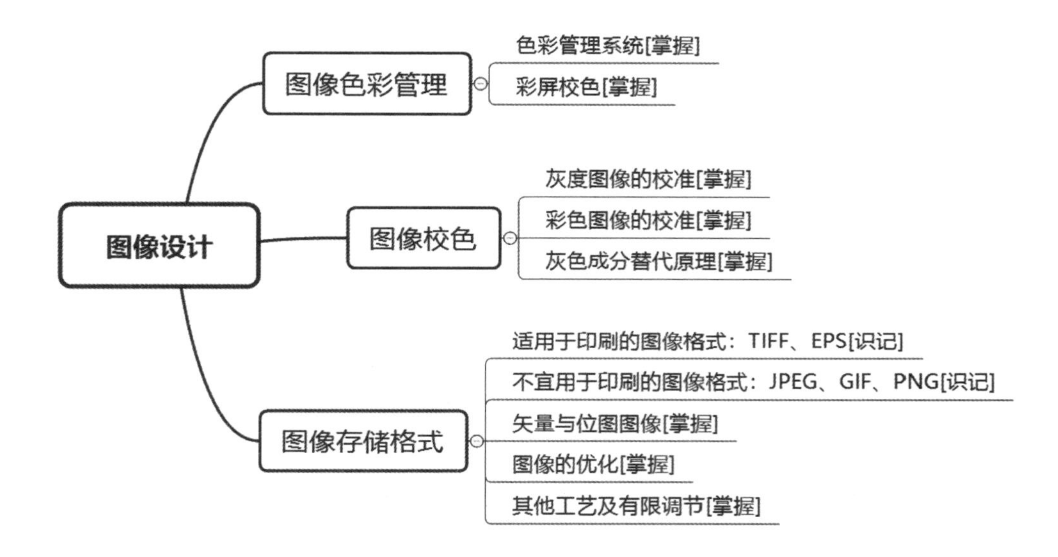

第一节　图像色彩管理

考点一　色彩管理系统 （第 80 页）

【名词解释】色彩管理系统：是指能够实现设备校准，建立色彩描述文件，并在全部工艺流程中实现各种设备间色彩转换的相关软硬件系统。

【单选】国际色彩标准，ICC 国际色彩组织，开发了一种描述设备色彩表现力的标准 ICC Profile。

【简答】色彩管理系统建立的主要步骤。

（1）色彩管理系统的建立可简单概括为：设备校色、建立色彩描述文件和设备间转换三个步骤。

（2）输入设备文件的建立：设备在出厂时，厂商根据设备的色彩特征提供描述文件。但随着时间的推移，设备在使用过程中会产生一些性能的衰减，这时就需要重新建立设备的色彩描述文件。

（3）设备校色，常用的测量仪器有：反射密度计、透射密度计及分光光度计等，进行色彩测量，并结合可获得高质量的输出设备描述文件的软件来工作。

（4）高品质色彩管理系统应该能够做到在色空间转换运算的同时，对色彩进行符合人眼视觉特性的压缩，保持色彩相对的细差别，尽可能减少色彩的损失，在原稿到最终复制品之间的全部工艺流程中保证色彩品质。

考点二　彩屏校色（第 80 ~ 82 页）

【简答】彩屏校色。

“软打样”，即利用显示器校色。校色前将显示器采取：确保工作环境光源正常，显示器处于稳定的状态；在原软件的支持下，使用本机出菲林的打样稿图片；关闭桌面图案，将屏幕设为中性灰色。

第二节　图像校色

考点一　灰度图像的校准（第 82 页）

【单选 / 判断】网点扩大的补偿量，取决于印刷所使用的纸张。

【单选 / 判断】铜版纸印刷，需要考虑对网点扩大范围留有 5%的缓冲区域。

【单选 / 判断】非涂料纸，这个数值应该是 8%～12%。

【单选 / 判断】新闻纸，保留的缓冲值至少是 12%，最多可达到 20%左右。

同步练习

【2018 年 10 月 · 判断】网点扩大的补偿量，取决于印刷所使用的纸张。如果使用铜版纸印刷，则需要考虑对网点扩大范围留有 5%的缓冲区域。

【答案】√（第 82 页）

考点二　彩色图像的校准（第 84 页）

【单选 / 填空 / 判断】彩色图像的色调可分为：高光区、中间调、暗调区。

【单选】高光区，为白色或接近白色（0%～25%）；中间调是网点百分比在 25%～75%之间的图像；暗调区，最黑或最暗的部分（75%～100%）。

【单选】校准是在将图像从 RGB 色彩模式转换为 CMYK 模式之间进行的，这种转换是印刷忠实原作的关键。

同步练习

【2018 年 4 月 · 填空】彩色图像的色调可分为________、________和暗调区。

【答案】高光区、中间调（第 84 页）

考点三　灰色成分代替原理（第 87 ~ 88 页）

【单选】①彩色图像的校准，需要设置一个 50% RGB 的中性灰背景，把 R、G、B 三个颜色通道的数值调整为 128。②这代表从 0 到 255 整个灰度层次的中间点，意味着每个颜色通道密度为 50%，R：128、G：128、B：128。③只要三种颜色值相等，显示结果就是相应值的灰度。

【单选 / 简答】色彩图像的精确校正步骤。

（1）使用直方图来检查图像的品质和色调范围。

（2）调整色彩平衡，以校正过度饱和与不饱和的颜色。可采取以下的色彩调整方法：“色阶”命令、“曲线”命令。

（3）调整色调的范围，在开始校色时，首先调整图像中高光像素和暗调像素的极限值，从而为图像设置总体色调范围，此过程称为设置高光和暗调或设置白场和黑场。设置高光和暗调将适当地重新分布中间调像素。

（4）可选择其他特殊颜色进行调整。

（5）使用“锐化”滤镜来锐化图像的边缘清晰度。

（6）使用“色阶”或“曲线”对话框中的“输出”滑块将细节转到输出设备的色域中。

第三节　图像存储格式

考点一　适用于印刷的图像格式（第 88 ~ 89 页）

【单选 / 多选 / 填空 / 判断】适合印刷的格式主要有两种：TIFF 格式、EPS 格式；其他格式如 JPEG、GIF、PNG、BMP、PSD 等最好不用于印刷。

【简答】TIFF 格式的特点。

（1）TIFF 格式，意为带标记的图像文件格式。

（2）支持多种图像模式：位图图像、灰度图像、RGB 图像、CMYK 图像。

（3）输出要求较简单，甚至不需要 PostScript 打印机输出。

（4）TIFF 格式文件记录信息详细，可比其他图像格式多得多。

（5）在图像处理中可以把重要信息（如针对局部区域的处理与操作）保存在通道内。

（6）TIFF 格式不支持双色调图像，这是 TIFF 与 EPS 格式的重要区别。

（7）未压缩的 TIFF 图像，文件非常大，满版 A4 大小的 CMYK 模式 TIFF 图像，数据量大小约为 30MB 到 40MB。

【简答】EPS 格式的特点：

（1）EPS 格式文件有两种基本类型，即矢量和位图。

（2）位图 EPS 格式时，与分辨率相关，通过扫描或者在图像处理软件中储存的文件，都是通过像素点来呈现。

（3）矢量 EPS 格式时，与分辨率无关，可以缩放任意大小，在矢量软件中绘画储存，此时 EPS 储存的格式应是矢量文件。

（4）支持透明背景。

（5）EPS 文件的缺点：是主要的排版软件，不能显示真正的 EPS 图像，排版时只能看到低分辨率的图像。

考点二　不宜用于印刷的图像格式（第 89 页）

【单选 / 名词解释】GIF：意为图形交换格式，是比较适合在网络上传输和交换的图像格式，尤其适合颜色较少或者大面积实底颜色的图像。

【单选】JPEG 全称：联合图像专家组（Joint Photographic Experts Group）的英文缩写，是一种有损压缩格式，不管采用什么质量标准储存图像，损失的信息再也无法复原。

同步练习

【2018 年 4 月 • 单选】应用于胶印图像格式比较合适的是（　　）。

A. TIFF　　B. JPEG

C. PNG　　D. GIF

【答案】A（第 88 页）

考点三　其他工艺及有限调节（第 92 页）

【单选 / 多选】墨量限制：将黑版的墨量（GCR），设置为 80%～90%，基本能压住其他颜色。

【单选 / 多选】总墨量限量：表示印刷机所能支持的最大墨量密度，最理想值为 370%，国内一般用到 340%～360%。

【单选 / 多选】底色增加：采用 GCR 黑版产生方式后，在图像的暗调区域再加入一定量的青、品红、黄的过程。

【单选 / 多选】底色与主体色调准：采用抠底工具，把底色改为专色，这样印刷时主体色不影响底色色相。

【名词解释】鬼影：是指成品中同一色块的暗调图影。造成鬼影的最初原因是拼版不当。

【名词解释】马赛克图像：小图或分辨率低的图片，放大后会产生马赛克或图像边缘锯齿。

【名词解释】毛边与锯齿：扫描后进行抠底的图像边缘有直线或弧形光边，印刷中容易产生边缘不光洁的效果。

【名词解释】跨页图片：由于图片的细节很多，分开出片，易产生色差。为了保证后期装订时两个 PG 图版衔接准确，跨页的版面要合在一起出菲林。

章节训练

一、单项选择题

1. 以下电脑设计软件中，哪个是图像处理软件？（　　）

A. PageMaker　　B. Photoshop

C. Fit　　D. QuarkXPress

2. 色彩管理系统是指能够实现设备校准，（　　），并在全部工艺流程中实现各种设备间色彩转换的相关软硬件系统。

A. 颜色输入　　B. 颜色校对

C. 扫描文件　　D. 建立色彩描述文件

3. 未压缩的 TIFF 图像，文件非常大。满版 A4 大小的 CMYK 模式 TIFF 图像，数据量大小约为（　　）。

A. 40MB 到 50MB　　B. 60MB 到 70MB

C. 20MB 到 30MB　　D. 30MB 到 40MB

4. 对于非涂料纸，网点扩大的补偿量为（　　）。

A. 1%～5%　　B. 8%～12%

C. 10%～15%　　D. 15%～20%

5. 低分辨的 TIFF 图像，可以大致看出图像的位置以及粗略的效果，所以只能显示（　　）种颜色。

A. 100　　B. 128

C. 255　　D. 256

6. 四色叠印时，黑版墨量限制设置为（　　）时，就基本能够压住其他颜色。

A. 50%～60%　　B. 60%～70%

C. 70%～80%　　D. 80%～90%

7. 总墨量限量：表示印刷机所能支持的最大油墨密度。最大密度理想值为（　　），国内一般用到 340%～360%。

A. 370%　　B. 380%

C. 390%　　D. 400%

8. 采用GCR黑版产生方式后，在图像的暗调区域再加入一定量的（　　）被称为底色增加。

A. 红、黄、蓝　　B. 红、青、绿

C. 绿、品红、蓝　　D. 青、品红、黄

9. 若 CMYK 的网点密度在（　　）时，印刷调整不到位，还容易出现类似鬼影的墨杠。

A. 30%～50%　　B. 40%～70%

C. 50%～60%　　D. 50%～70%

二、填空题

1. 网点扩大的补偿量，取决于印刷所使用的纸张。使用铜版纸，需要考虑对网点扩大范围留______%的缓冲区域。而对于非涂料纸，数值应保留在______%～12%。

2. 在印刷前，要根据所选择的纸张以及印刷机，决定可能发生暗调网点糊死和高光网点丢失的网点百分百。这就需要提供一个“______”，测试条由______个小方块组成的系列灰度块。

3. 彩色图像的色调可分为：高光区最亮的部分为白色或接近白色______%～______%。

4. 彩色图像校准是将图像从______转化为______之间进行的。

5. 应用于胶版印刷的图像，适合印刷的格式是______格式、______格式。

6. GIF 意思是______格式，是比较适合在网络上______和交换的图像格式。

7. 用胶版纸，半色调图像的挂网线数，不应该高于______lpi，而铜版纸印刷挂网线数可以达到______lpi。

三、名词解释

1. 色彩管理系统

2. 鬼影

3. GIF

4. JPEG

四、简答题

1. 简述色彩图像的精确校正步骤。
2. 简述 TIFF 格式与 EPS 格式的特点。
3. 简述色彩管理系统建立的主要步骤。

参考答案及解析

一、单项选择题

1. 【答案】B（第 82 页）

   【解析】Photoshop 是专业的图像处理软件。

2. 【答案】D（第 80 页）

   【解析】色彩管理系统是指能够实现设备校准，建立色彩描述文件，并在全部工艺流程中实现各种设备间色彩转换的相关软硬件系统。

3. 【答案】D（第 88 页）

   【解析】未压缩的 TIFF 图像，文件非常大，满版 A4 大小的 CMYK 模式 TIFF 图像，数据量大小约为 30MB 到 40MB。

4. 【答案】B（第 82 页）

   【解析】如果使用铜版纸印刷，则需要考虑对网点扩大范围留有 5%的缓冲区域，而对于非涂料纸，这个数值应该是 8%～ 12%。

5. 【答案】D（第 89 页）

   【解析】仅能显示图像文件头（Image Header，EPS 的预视档），即低分辨率的 TIFF 图像，可以大致看出图像的位置以及粗略的效果。所以只能显示 256 种颜色，就像 GIF 图像。

6. 【答案】D（第 92 页）

   【解析】黑版墨量限制（Black Ink Limit：UCR/GCR）中，黑版所用油墨量限制不同，设置分色后的黑版也是不相同的。通常将其设置为 80%～ 90%就基本上能够压住其他颜色。

7. 【答案】A（第 92 页）

   【解析】总墨量限量（Total Inks Limit）表示印刷机所能支持的最大油墨密度。可根据印刷厂条件来自行设定纸张、油墨品种、印刷湿度、印刷的压力等，最大密度理想值为 370%，国内一般用到 340%～ 360%。

8. 【答案】D（第 92 页）

【解析】底色增加（Undercolor Addition—UCA）：采用 GCR 黑版产生方式后，在图像的暗调区域再加入一定量的青、品红、黄被称为底色增加。

9.【答案】D（第 92 页）

【解析】若 CMYK 的网点密度在 50%～70%时，印刷调整不到位，还容易出现类似鬼影的墨杠。

二、填空题

1.【答案】5、8

2.【答案】网点扩大测试条、21

3.【答案】0、25

4.【答案】RGB、CMYK

5.【答案】TIFF、EPS

6.【答案】图形交换、传输

7.【答案】133、150

三、名词解释

1.【答案】色彩管理系统是指能够实现设备校准，建立色彩描述文件，并在全部工艺流程中实现各种设备间色彩转换的相关软硬件系统。（第 80 页）

2.【答案】鬼影是指成品中同一色块的暗调图像，造成鬼影的最初原因是拼版不当。（第 92 页）

3.【答案】GIF 意为图形交换格式，是比较适合在网络上传输和交换的图像格式，尤其适合颜色较少或者大面积实底颜色的图像。（第 89 页）

4.【答案】JPEG 全称联合图像专家组，是一种有损压缩格式，不管采用什么质量标准储存图像，损失的信息再也无法复原。（第 89 页）

四、简答题

1.【答案】（1）使用直方图来检查图像的品质和色调范围。（2）调整色彩平衡，以校正过度饱和与不饱和的颜色。可采取以下的色彩调整方法：“色阶”命令、“曲线”命令。（3）调整色调的范围，在开始校色时，首先调整图像中高光像素和暗调像素的极限值，从而为图像设置总体色调范围。此过程为设置高光和暗调或设置白场和黑场。设置高光和暗调将适当地重新分布中间调像素。（4）可选择其他特殊颜色进行调整。（5）锐化图像的边缘清晰度。（6）使用“色阶”或“曲线”对话框中的“输出”滑块将细节转到输出设备。（第 88 页）

2.【答案】（1）TIFF 格式（表 5-1）。（第 88 ～ 89 页）

表 5-1　TIFF 格式

全称	带标记的图像文件格式。在 PC 机上简称 TIF 格式
优点	支持多图像模式：位图图像、灰度图像、RGB 图像、CMYK 图像
	保存数据全面：排版软件、图像处理软件、专业数码相机均支持此格式
	输出要求较简单，不需要 PostScript 打印机输出
	文件记录信息详细比其他图像格式多
	在图像处理中可以把重要信息（局部区域的处理与操作）保存在通道内
缺点	未压缩，文件大：满版 A4 大小的 CMYK 模式 TIFF 图像，数据量大小约为 30MB 到 40MB
	TIFF 格式不支持双色调图像

（2）EPS 格式（表 5-2）。

表 5-2　EPS 格式

全称		封装的 PostScript 格式
格式	矢量	矢量 EPS 与分辨率无关，可以缩放任意大小
		在矢量软件中绘画储存，此时 EPS 储存的格式应是矢量文件
		同是矢量软件导出 EPS 文件，都以矢量形式存在
	位图	位图 EPS 格式时，与分辨率相关
		扫描或者图像处理软件后，文件是通过像素点来呈现的
		细节表现都依赖于文件创建时捕捉到的细节程度。在创建后不能增加图像细节
特点	优点	支持透明背景
	缺点	排版时只能看到低分辨率的图像

3.【答案】色彩管理系统的建立可简单概括为：设备校色、建立色彩描述文件和设备间转换三个步骤。（1）输入设备文件的建立：设备在出厂时，厂商根据设备的色彩特征提供描述文件。但随着时间的推移，设备在使用过程中会产生一些性能的衰减，这时就需要重新建立设备的色彩描述文件。（2）设备校色，常用的测量仪器有：反射密度计、透射密度计及分光光度计等，进行色彩测量，并结合可获得高质量的输出设备描述文件的软件来工作。（3）高品质色彩管理系统应能做到在色空间转换运算的同时，对色彩进行符合人眼视觉特性的压缩，保持色彩相对的细差别，尽可能减少色彩的损失，在原稿到最终复制品之间的全部工艺流程中保证色彩品质。（第 80 页）

第六章　色版创意

印版预设与色版创新

知识框架

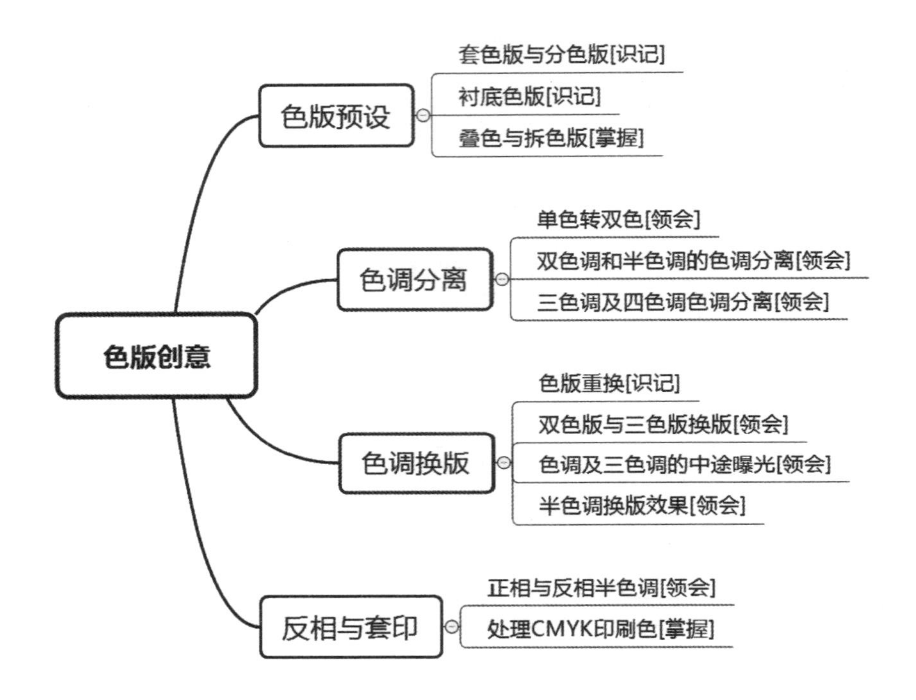

第一节　色版预设

考点一　套色版与分色版（第 94 ~ 95 页）

【单选 / 判断】印刷色版的预设，是由印刷方式决定的。

【单选】印刷油墨具有一定的透明度，当两种或多种色相叠印是，会获得新的混合色效果。

【单选 / 多选 / 判断】一般印刷物大致可分为三大类：单色印刷、套色印刷、彩色印刷（表6-1）。

表 6-1 印刷物的分类

分类	概念	注解
单色版	包括黑灰色版印刷（包括黑白照片般的颜色）和专色版印刷两种	单色印刷除了黑灰色版（包括黑白照片般的颜色），还可以将油墨调成单色深蓝、深褐、深紫等专色版印刷
套色版	一般凸版彩色印刷多为套色版，套色版每色一版，换句话就是每版都是专色版。制版时拆色	如有大面积的厚重底色和光泽色时，需要设置专色版，专色可以在颜色表中查询、剪贴和涂绘
彩色版	平版、凹版彩色印刷大都是采用分色版来体现各种色相，在我国，分色版多由品红、中黄、天蓝和黑四色网线版组成	这里的彩色版又称天然色印刷，对于自然的色彩均能一一表现，因而在印色版上就分为套色版与分色版

同步练习

【2018 年 10 月 • 判断】一般印刷物大致可分为三大类：单色印刷、无色印刷、彩色印刷。

【答案】×（第 94 页）

考点二 叠色与拆色版（第 96 ~ 97 页）

【单选 / 多选】套色版的色数一般都在两色以上，有点类似衬底色设置，区别是：如将两色叠印在一起而不改变色相，称为衬底色，而改变成其他颜色即称为叠色。

注：通常，由于铜锌版印刷用的纸张等承印材料较为粗糙，质松或白度不够，以及油墨的半透明性，一层墨色的感觉比较薄淡，缺少光泽，所以经常在大面积色块和主要图文的部分设置一套衬底色层。

【简答】叠色的基本规律。

（1）任何两套色相明显的墨色相加，等于其混合色。

（2）因线图版中色版均为实底版，所以在大面积色相叠印时，不宜超过两色。

（3）三套色以上的套色版，在色稿设计和修版时充分利用叠色效果，既能节省套色印版数和印工，又能在不增加成本的基础上使产品色彩更丰富。

【单选 / 多选】拆色中主要遇到的问题是色块与色块相接处有漏白和重叠的现象，以及实底压印产生的轮廓扩张现象。

【单选 / 简答】解决拆色中遇到的问题应注意。

（1）两色相叠时，其中的淡色轮廓应刮小一线。

（2）两色边缘相接时，如是补色关系，应将淡一些的色块边缘刮细一些，以免出现重叠的深灰色轮廓线。

（3）凹凸压版只制作凹版，除压图案外，其他部分都应填实底，版面四周应填大 1cm 左右。

（4）拆色时应充分利用软片修版工序，因软片的大色块满涂可用虹膜代替，遮挡和更换比较方便，并可减轻锌版修版时的填、刮工作量。

第二节　色调分离

考点　色调分离（第 98 ~ 101 页）

【名词解释】色调分离：利用充分的色版工艺，重新改变和转换色版的秩序与数量，以实现特殊的色彩意向设计和色版的创意方式。

【单选 / 多选】色调分离的方法有单色转双色、双色调和半色调的色调分离、三色调及四色调色调分离。

（1）单色转双色（表 6-2）。

表 6-2　单色转双色

分类	注解
黑白转双色	双色印刷（也称复色印刷）
彩色转双色	彩色图片，在设计上可用分色后的某双色版来印刷
双色与特别色印刷	彩色原稿分色后，选择其中两个分色片作特别色印刷

（2）双色调和半色调分离（表 6-3）。

表 6-3　双色调和半色调分离

类型	注解
半色调图片	半色调图来自连续调，如照片、正片、绘画等图像
不同强度下的单色、半色调图像及专色黑白图像	无论是双色调还是三色调，运用半色调图像可产生意想不到的惊人效果
半色调图像的变化	可使用版面编辑软件 QuarkXPress 及 PageMaker 操作
双色调和半色调的色调分离	是将图像调子在黑与白之间分成少数几个调阶的手续

（3）三色调和四色调色调分离。可在 Photoshop 软件中操作，尝试更多效果。

第三节　色调换版

考点　色版创新的形式和方法（第 101 ～ 104 页）

【名词解释】色版重换：在设计印刷中，为了追求特殊画面效果，可将印刷中的某些色版效果对换，造成色版的变化，有时会得到意想不到的效果，在印刷上叫作色版重换（或叫色版变换）。

【单选 / 多选】色版创新的形式和方法：色版重换、双色版与三色版换版、色调及三色调的中途曝光、半色调换版效果（换版是指将四色印刷色版色顺序调换）。

第四节　反相与套印

考点　反相与套印（第 104 ～ 107）

【简答】什么是反相与套印？

反相与套印中，不同对比度的黑白及专色半色调图像。将黑白的半色调图像与单色背景共用会降低调子的差距，但是可以增加图片的深度。这样可以创造不同的效果，如果运用恰当，可以使设计更为生动。

【单选 / 简答】正相与反相半色调。运用想象力来处理色调，这对色调的空间提供了无限的可能性。可应用计算机软件来调整。

【单选 / 简答】处理 CMYK 印刷色。

（1）在处理 CMYK 印刷色时会产生错网、网点增量、未套准、配色错误、带状条纹的现象，要及时修改。

（2）产生错网时，就要设定每一个印刷色的网点排列其特定的角度。

（3）网点增量：网线的设置要与纸张相匹配。

（4）未套准现象：用细微的重叠可以弥补套不准所发生的问题。

（5）配色错误：某些颜色有一定的局限性，要特别配色才能得到精准的色相。

（6）带状条纹：提高激光照排机的输出分辨率来获得更多灰度级，避免采用带有或接近 100％面积率的渐变网。

章节训练

一、单项选择

1. 在拆色工艺中，软片的修版工序可以用（　　）色的膜来遮挡，代替手工修刮工作。

A. 红　　B. 黄

C. 蓝　　D. 黑

2. 电子分色版中，如有大面积的厚重底色和光泽色时，就需设置（　　）。

A. 分色版　　B. 专色版

C. 黑色版　　D. 品红色版

3. 下列属于色版创意因素的有（　　）。

A. 线图版描绘　　B. 拆色工艺

C. 贴花纸印刷　　D. 色调换版

4. 在拆色工艺中，两色相叠时，其中的（　　）轮廓应刮小一线。

A. 淡色　　B. 黑色

C. 白色　　D. 深色

5. 在拆色工艺中，两色边缘相接时，如是补色关系，应将淡一些的色块边缘刮（　　）一些，以免出现重叠的深灰色轮廓线。

A. 粗　　B. 薄

C. 细　　D. 厚

6. 网点增量太多时，便会导致印刷成品（　　）。

A. 过亮　　B. 过暗

C. 错网　　D. 撞网

7. 错网是半色调印刷品因网线排列不良或未套准而产生（　　）的现象。

A. 网花　　B. 网点

C. 网纹　　D. 网屏

二、填空题

1. 一般印刷物大致分为单色印刷、__________印刷和__________印刷。

2. 套色版：一般凸版彩色印刷多为____________，套色版每色一版，换句话就是每版都是__________。

3. 单色版印刷包括________版印刷和________版印刷两种。

4. 如将两色叠印在一起而不改变色相，称为________，而改变其他颜色即称为________。

三、名词解释

1. 色版重换

2. 错网

四、简答题

如何处理CMYK印刷色？

参考答案及解析

一、单项选择题

1. 【答案】A（第97页）

【解析】拆色时应充分利用软片修版工序，因软片的大色块满涂可用虹膜代替，遮挡和更换比较方便，并可减轻锌版修版时的填、刮工作量。

2. 【答案】B（第95页）

【解析】遇有大面积的厚重底色和光泽色时，就需设置专色版。专色版的色彩标示可指定色谱中的某色相，或剪贴、涂绘合适的色标样。

3. 【答案】D（第93页）

【解析】色版创意包括色版预设、色调分离、色调换版、反相与套印。

4. 【答案】A（第97页）

【解析】在拆色工艺中，两色相叠时，其中的淡色轮廓应刮小一线。

5. 【答案】C（第97页）

【解析】在拆色工艺中，两色边缘相接时，如是补色关系，应将淡一些的色块边缘刮细一些，以免出现重叠的深灰色轮廓线。

6. 【答案】B（107页）

【解析】网点增量太多时，便会导致印刷成品过暗。

7. 【答案】A（第105页）

【解析】错网是半色调印刷品因网线排列不良或未套准而产生网花的现象。

二、填空题

1.【答案】套色印刷、彩色印刷

2.【答案】套色版、专色版

3.【答案】黑灰色、专色

4.【答案】衬底色、叠色

三、名词解释

1.【答案】在设计印刷中，为了追求特殊画面效果，可将印刷中的某些色版效果对换，造成色版的变化，有时会得到意想不到的效果，在印刷上叫作色版重换（或叫色版变换）。（第101页）

2.【答案】错网是半色调印刷品因网线排列不良或未套准而产生网花的现象。（第105页）

四、简答题

【答案】（1）在处理CMYK印刷色时会产生错网、网点增量、未套准、配色错误、带状条纹的现象，要及时修改。

（2）产生错网时，就要设定每一个印刷色的网点排列其特定的角度。

（3）网点增量：网线的设置要与纸张相匹配。

（4）未套准现象：用细微的重叠可以弥补套不准所发生的问题。

（5）配色错误：某些颜色有一定的局限性，要特别配色才能得到精准的色相。

（6）带状条纹：提高激光照排机的输出分辨率来获得更多灰度级，避免采用带有或接近100%面积率的渐变网。（第105～107页）

第七章　排版设计

排版工艺与排版设计

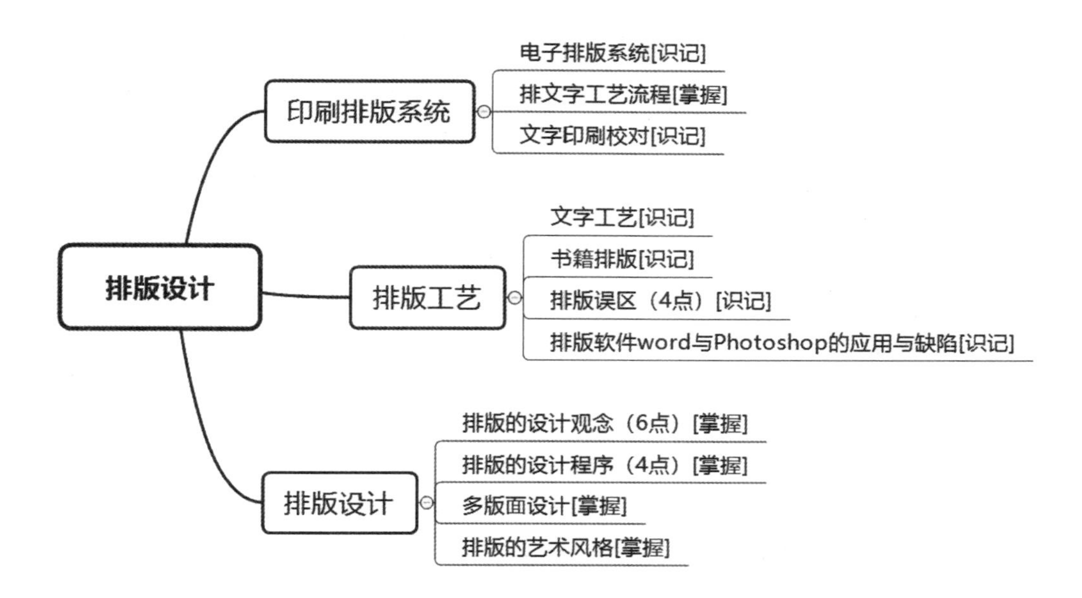

第一节　印刷排版系统

考点　印刷排版系统（第 112 页）

【多选】现代印刷排版，主要是在计算机上完成文稿录入、图片输入、编辑校改、图文组排、输出版式校样等多种功能。

【单选／多选／名词解释】印刷排版系统分三个部分：电子排版系统、排文字工艺流程、文字印刷校对。

（1）电子排版系统：是事先将字形转变为数字信息，存入大容量磁盘存储器。

（2）排文字工艺流程：设计版面，依据原稿设计版心尺寸，正文文字占多少行，一行多少字，每个字的字体、字号、字距、行距、标题字位置、标题字体、标题字号等，把这些构成版式。

（3）文字印刷校对：是按照设计原稿及设计要求，在校样上或样本上进行核对、改正差错的工作。

【单选】一般印刷作品至少要进行三个校次、整理、点校等工序。

【名词解释】点校：是核对上一次校样中改动的地方。

第二节　排版工艺

考点一　文字工艺（第 112 页）

【单选】长篇文章用五号宋体字为佳，引文以小五号字，注文用小六号为宜。

同步练习

【2018 年 10 月・单选】正文字号过小，不易阅读，字号过大则耗费纸张，所以长篇文章用（　　）宋体字为佳。

A. 五号　　B. 十号

C. 二十号　　D. 五十号

【答案】A（第 112 页）

考点二　书籍排版（第 112 ~ 113 页）

【单选／多选】正文指一本书中除了前言、目录、后记、注释以外的文字内容，是印刷内容的主要部分。正文排版要选择正文文字的字体、字号、字距及行距、段距，版心大小与位置和排列方式。

【单选／多选／名词解释】环衬：精装本中在封二后和封三前的 2 页衬纸，是封面和内页连接的主要纽带（跨页），可遮盖精装书中装订部位（订口）不美观的细节，也起到美化的作用（图 7-1）。

考点讲解

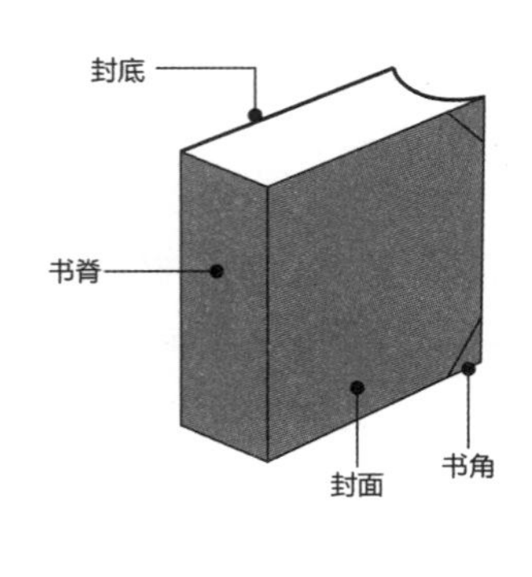

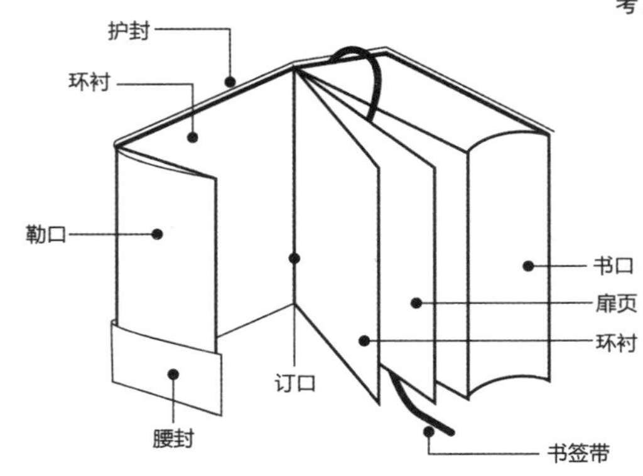

图 7-1　书刊页面术语

【单选／名词解释】扉页：封面和内页内容及风格的连接点，一般用来印书名或题字，是书的第二张脸。

【名词解释】腰封：一张纸或一块塑料围住出版物的“肚子”，其形状与书相同，或许是条状，一般是为点缀装帧封面而制作，印上重要信息吸引读者的注意力。

【多选／名词解释】勒口：一般以精装书中运用为主，现在平装书中也常出现以封面封底折进一段形成勒口，可增加书的美感和封面厚度。勒口尺寸一般设定为封面封底宽度的 1/2、1/3 为宜。

考点讲解

【名词解释】书脊：书刊厚度，连接书的封面和封底，也是以缝、钉、粘等方法装订而成的转折，包括护封的相应位置。

考点三　排版误区（第 113 ~ 114 页）

【简答】排版误区分哪几部分？

（1）转曲文字：设计稿在传输给印刷公司前，应该将稿件中的文字进行转曲，并且核对并避免转曲文字中出现的中空和填实的现象。

（2）反白字：在大墨色印刷中，如用小于 7 磅的线条和文字会出现断裂和模糊，不易阅读，建议少用、慎用反白字，多用实体印刷字。

（3）跨页文字：文字排版应避免用跨页文字，因印刷工艺会出现错位等现象，图片排版应将重要信息避开书槽位置。

（4）彩色文字：印刷细如发丝或更细的彩色文字，套印时文字边缘会产生毛边和虚影。建议用单色或专色印刷。

考点四　排版软件 Word 与 Photoshop 的应用与缺陷（第 114 页）

【简答】排版软件应用与缺陷包括哪些方面？

Word 与 Photoshop 在排版中能应用，但是存在缺陷。

（1）Word 软件：① 在制作书稿时，文字输入用 Word 软件较多，因 Word 软件输入快捷方便，但 Word 是办公软件，存在一定的缺陷，作为印刷的更高要求，在借用时要特别细心。② Word 文档没有十字线设置，而自动挂线出片的十字线，容易侵入成品，在印刷前需仔细检查版面。

（2）Photoshop 软件：① Photoshop 软件是专业的图像处理软件，具有图像处理、调色、蒙版、旋转、柔化等多种制作功能，在设计制作过程中被广泛应用。② Photoshop 软件做出来的稿件为点阵图像，如果用它制作文字，不论是单色还是四色，印刷成品时文字都将产生锯齿和虚边。③ 在设计中尽量避免用 Photoshop 软件制作文字。

第三节　排版设计

考点一　排版的设计观念（第 115 ~ 118 页）

【简答】什么是排版的设计观念？

（1）平衡作用：是排版设计中最重要的作用，是以一种传达、交流的方式，涉及印刷页面多方面的因素，要有审美感染力。同时，要处理好图形与背景之间的关系，页面设计可以是对称性或者非对称性平衡，都会增强其页面的可读性。

（2）尺寸与比例：黄金分割定律，排版设计的基础是把握尺寸和比例。

（3）排版视觉韵律：以有规律的方式求得变化是渐进式节奏感的核心所在。

（4）网格排版：贯穿于整个出版物的字间距和节奏感必须依赖于网格的帮助。“网格”是潜藏于整个版面之下的不可见的结构，用来作为版面元素布局的指导。

（5）保持节拍：网格排版要保持节拍，使作品有一定的节奏感。

（6）体现主题：印刷品需要一个统一的主题，包括视觉性“设计”主题和编辑性“内容”主题。

考点二　排版的设计程序（第 119 ~ 121 页）

【简答】排版设计程序有哪些？

（1）构建网格：首要考虑版面包含的元素，各个元素间用点、线、面进行连接，网格结构和路径排版都是用来保持版面设计平衡和谐的。

（2）路径排版：采用的是隐性的统一结构形式，是视觉轨迹或通道。

（3）图片排版：如何制作一张好的图片以及如何最大限度地利用好它。

（4）裁剪：设计师精心裁切处理，改善照片的效果，使注意力集中在剩余部分。

考点三　多版面设计（第 121 页）

【判断】多版面设计的一些相关因素有：印张大小、折叠次数及其方向以及纸张的弹性和伸缩性。

考点四　排版的艺术风格（第 121 ~ 123 页）

【单选】现代排版风格是在 20 世纪 40 年代起源于美国，它以无衬线字体排版和一种普遍分享的美学信念为特征。

【单选 / 多选】20 世纪 60 年代的设计变得折中妥协、兼收并蓄，70 年代备受质疑的瑞士理性设计方法导致了“新浪潮”和后现代平面设计的脱颖而出。

章节训练

一、单项选择题

1. 现代排版风格是在 20 世纪 40 年代起源于美国，它以无衬线（　　）和一种普遍分享的美学信念为特征。

A. 编排设计　　B. 图片排版

C. 视觉排版　　D. 字体排版

2. 扉页是（　　）和内页内容及风格的连接点，一般用来印书名或题字。

A. 封底　　B. 环衬

C. 版权　　D. 封面

3.（　　）是按照设计原稿及设计要求，在校样上或样本上进行核对、改正差错的工作，它是出版印刷工作的重要一环。

A. 文字排版　　B. 排版设计

C. 印刷校对　　D. 电子分色

4.（　　）是精装本中在封二后和封三前的 2 页衬纸，是封面和内页连接的主要纽带，可遮盖精装书中装订部位不美观的细节。

A. 环衬　　B. 扉页

C. 腰封　　D. 勒口

5. 核对上次校样中改动的地方称之为（　　）。

A. 点校　　B. 校对

C. 核对　　D. 审核

6.（　　）就是一张纸或一块塑料围住出版物的“肚子”，印上重要信息吸引读者的注意力。

A. 腰封　　B. 环衬

C. 勒口　　D. 书脊

7.（　　）一般以精装书中运用为主，现在平装书中也常出现以封面封底折进一段来增加书的美感和封面厚度。

A. 腰封　　B. 环衬

C. 勒口　　D. 书脊

8.（　　）这个词描述的正是这种结构性弱而自发性强的形式探索方式，因为设计师试图为眼球构建一条轨迹或通道，这样做的目的是能指导眼睛快速浏览不同的元素。

A. 路径　　　　B. 捷径

C. 途径　　　　D. 摸索

二、填空题

1. 排版的设计观念有平衡作用、尺寸与比例、______________、______________、保持节拍、体现主题。

2. 排版的设计程序有______________、路径排版、______________、裁剪。

3. 现代排版风格是在 20 世纪 40 年代起源于______________，它以______________字体排版和一种普遍分享的美学信念为特征。

4. 长篇文章用______________字为佳，引文用______________号字，注文用小六号字。

5，排版误区包括______________、反白字、______________、跨页文字。

三、名词解释

1. 印刷校对

2. 电子排版系统

3. 环衬

4. 扉页

5. 腰封

6. 书脊

四、简答题

1. 排版软件 Word 与 Photoshop 的应用与缺陷有哪些？

2. 排版的艺术风格有哪些？

3. 排版的设计程序有哪些？

4. 排版的设计观念有哪些？

参考答案及解析

一、单项选择题

1.【答案】D（第 121 页）

【解析】现代排版风格是在 20 世纪 40 年代起源于美国，它以无衬线字体排版和一种普遍分享的美学信念为特征。

2.【答案】D（第 113 页）

【解析】扉页是封面和内页内容及风格的连接点，一般用来印书名或题字。

3.【答案】C（第 112 页）

【解析】印刷校对是按照设计原稿及设计要求，在校样上或样本上进行核对、改正差错的工作，它是出版印刷工作的重要一环。

4.【答案】A（第 113 页）

【解析】环衬是精装本中在封二后和封三前的 2 页衬纸，是封面和内页连接的主要纽带（跨页），可遮盖精装书中装订部位（订口）不美观的细节，也起到美化的作用。

5.【答案】A（第 112 页）

【解析】点校是核对上次校样中改动的地方。

6.【答案】A（第 113、136 页）

【解析】腰封就是一张纸或一块塑料围住出版物的“肚子”，其形状或许与书相同，或许是条状。腰封在杂志设计中经常印上重要信息吸引读者的注意力。

7.【答案】C（第 113 页）

【解析】勒口一般以精装书中运用为主，现在平装书中也常出现以封面封底折进一段来增加书的美感和封面厚度。

8.【答案】A（第 119 页）

【解析】路径这个词描述的正是这种结构性弱而发自性强的形式探索方式，因为设计师试图为眼球构建一条轨迹或通道，这样做的目的是能指导眼睛快速浏览不同的元素。

二、填空题

1.【答案】排版视觉韵律、网格排版

2.【答案】构建网格、图片排版

3.【答案】美国、无衬线

4.【答案】五号宋体、小五

5.【答案】转曲文字、彩色文字

三、名词解释

1.【答案】印刷校对是按照设计原稿及设计要求，在校样上或样本上进行核对、改正差错的工作。（第 112 页）

2.【答案】电子排版系统是事先将文字转换为数字信息，存入大容量磁盘存储器。（第 112 页）

3.【答案】环衬是精装本中在封二后和封三前的 2 页衬纸，是封面和内页连接的主要纽带（跨页），可遮盖精装书中装订部位（订口）不美观的细节，也起到美化的作用。（第 113 页）

4.【答案】扉页是封面和内页内容及风格的连接点，一般用来印书名或题字，是书的第二张脸。（第 113 页）

5.【答案】腰封是一张纸或一块塑料围住出版物的“肚子”，其形状与书相同，或许是条状，一般是为点缀装帧封面而制作，印上重要信息吸引读者的注意力。（第 113 页）

6.【答案】书脊就是书刊厚度，连接书的封面和封底，也是以缝、钉、粘等方法装订而成的转折，包括护封的相应位置。（第 113 页）

四、简答题

1.【答案】Word 与 Photoshop 在排版中能应用，但是存在缺陷。

Word 软件：① 在制作书稿时，文字输入用 Word 软件较多，因 Word 软件输入快捷方便；但 Word 是办公软件，存在一定的缺陷，作为印刷的更高要求，在借用时要特别细心。② Word 文档没有十字线设置，而自动挂线出片的十字线，容易侵入成品，在印刷前应仔细检查版面。

Photoshop 软件：① Photoshop 软件是专业的图像处理软件，具有图像处理、调色、蒙版、旋转、柔化等多种制作功能，在设计制作过程中被广泛应用。② Photoshop 软件做出来的稿件为点阵图像，如果用它制作文字，不论是单色还是四色，印刷成品时文字都将产生锯齿和虚边。③ 在设计中尽量避免用 Photoshop 软件制作文字。（第 114 页）

2.【答案】（1）现代排版风格是在 20 世纪 40 年代起源于美国，它以无衬线字体排版和一种普遍分享的美学信念为特征。现代风格把秩序视为一种现代、理性和技术文明的精神。（2）20 世纪 60 年代的设计变得折中妥协，兼收并蓄，70 年代备受质疑的瑞士理性设计方法导致了“新浪潮”和后现代平面设计脱颖而出。国际排版风格和现代主义设计太简约，人们对复杂的分层形式和意义上的拓展产生了新的兴趣。（3）随着后现代主义的萌生，艺术与设计的历史内容变成了巨大的视觉资源，所有的风格都蕴含着丰富的潜在意义，新艺术派、装饰艺术派、波普艺术、瑞士现代主义和个人直觉催生出后现代设计。（4）排版技术极大地改变了设计面貌。从 20 世纪 80 年代开始，计算机在排版设计中得到了广泛的应用。（5）如今，排版图形可以用软件来生成或者进行印前准备，这促成了印刷品的多样性并迅速反映社会庞杂的结构及混杂的信息。（第 121 ～ 123 页）

3.【答案】（1）构建网格：首要考虑版面包含的元素，各个元素间用点、线、面进行连接，网格结构和路径排版都是用来保持版面设计平衡和谐的。

（2）路径排版：采用的是隐性的统一结构形式，是视觉轨迹或通道。

（3）图片排版：如何制作一张好的图片以及如何最大限度地利用好它。

（4）裁剪：设计师精心裁切处理，改善照片的效果，使注意力集中在剩余部分。（第 118 ～ 120 页）

4.【答案】（1）平衡作用：是排版设计中最重要的作用，是以一种传达、交流的方式，涉及印刷页面多方面的因素，要有审美感染力。同时，要处理好图形与背景之间的关系，页面设计可以是对称性或者非对称性平衡，都会增强其页面的可读性。

（2）尺寸与比例：黄金分割定律，排版设计的基础是把握尺寸和比例。

（3）排版视觉韵律：以有规律的方式求得变化是渐进式节奏感的核心所在。

（4）网格排版：贯穿于整个出版物的字间距和节奏感必须依赖于网格的帮助。“网格”是潜藏于整个版面之下的不可见的结构，用来作为版面元素布局的指导。

（5）保持节拍：网格排版要保持节拍，使作品有一定的节奏感。

（6）体现主题：印刷品需要一个统一的主题，包括视觉性“设计”主题和编辑性“内容”主题。（第 115 ～ 118 页）

第八章　印制工艺

印刷后期工艺的重要性

知识框架

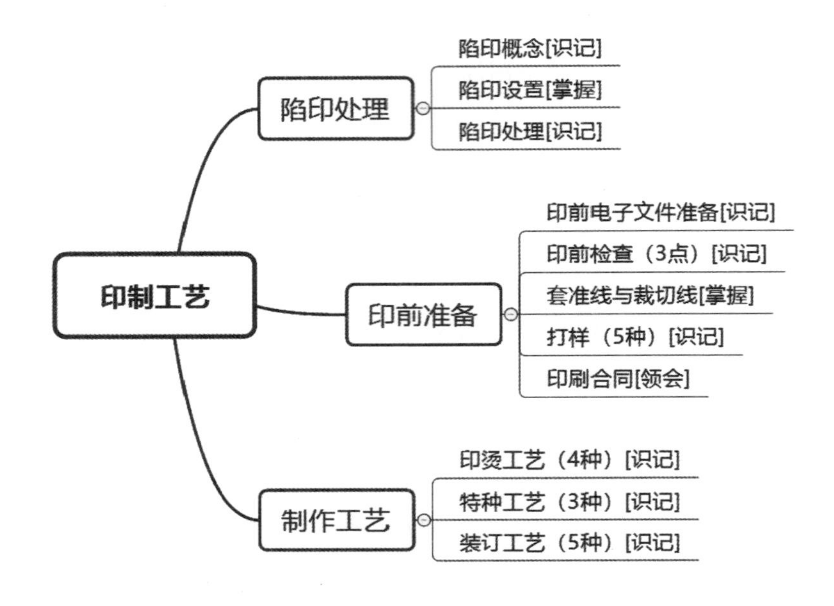

第一节　陷印处理

考点一　陷印概念（第 125 页）

【单选 / 名词解释】陷印：亦叫补漏白，又称为扩缩，主要是为了弥补因印刷套印不准所造成的两个相邻的不同颜色之间的间隙或漏白，这样就必须调整各色块的叠色范围，这种色块的交叠或扩展就叫陷印。

考点二　陷印设置（第 125 ~ 126 页）

【单选】手动设置陷印时，对图形对象创建 0.25 Pt 的轮廓线，同时将其设置为叠印。

【单选/多选/简答】 陷印规则。

（1）所有颜色向黑色扩张。

（2）亮色向暗色扩张。

（3）黄色向青色、品红色扩张。

（4）青色和品红色对等地相互扩张。

考点讲解

考点三 陷印处理（第126页）

【单选】 陷印处理：由于印品各异，材料不同，机器精度也有差别，因此陷印值应当根据实际情况决定。一般来说，印品越精密，陷印值越低。（见教材第126页表8-1）

注：不同的软件有不同的设置方法。（Illustrator、CorelDraw）

同步练习

【2017年10月·单选】在实际的应用中，使用陷印的规则是，（　　）向暗色扩张。

A. 红色　　B. 绿色

C. 亮色　　D. 蓝色

【答案】C（第126页）

第二节 印前准备

【判断】 印前准备有：印前电子文件准备，印前检查，套准线与裁剪线，打样，印刷合同。

考点一 印前电子文件准备（第126～127页）

【简答】 印前电子文件准备。

（1）将文件处理成光栅图像。

（2）将文件或者图片转存为EPS格式。

（3）整理所有的EPS格式的扫描图和矢量图文件。

（4）检查图片、文字是否转为CMYK模式。

（5）检查所有链接文件是否置入或者整理在同一路径中。

（6）文字是否转曲，或者文字是否安装在系统文件夹中。

考点二 印前检查（第127页）

【简答】 印前检查。

（1）图像检查：① 所有图像不能为RGB模式，转为CMYK（TIFF、EPS或PDF）格式。

② 不能包含多余的 Alpha 通道。③ 页面边缘需要预留出血 3 mm，靠近装订边图像不需要出血。④ 如果图像是链接而不是嵌入，确保把源图像以独立文件另外发给印刷商。

（2）文字检查：① 确认印刷厂拥有设计作品中的所有字体，或者把文字全部转为曲线，避免字体缺失，跳字。② 个别文字如果需要专色印刷，需要另外说明。

（3）工艺检查：① 如果作品需要“局部上光”，应该对这部分进行说明。② 如果印刷品需要折页，那么应在设计稿中注明折叠线。

考点三　套准线与裁切线（第 127 ~ 128 页）

【多选】检查印刷工艺中叠印油墨密度，唯一会超过最大油墨密度限制的地方只有裁切线和套准线。油墨密度可达到 400%，一般裁切线和套准线放置在有效页面之外，最终会被裁切掉（表 8-1）。

表 8-1

裁切线名称	绘制线型	功能
单实线		轮廓裁切线
双实线		开槽线
单虚线		内折压痕线
点划线		外折压痕线
三点点划线		切痕线
点虚线		打孔线
双虚线		双压痕线

考点四　打样（第 128 页）

【名词解释】打样：是通过一定方法从拼版的图文信息复制出校样的工艺，是印刷工艺中用于检验印前制作质量的必需工序。

考点讲解

【单选 / 填空 / 判断 / 简答】打样方式。

（1）湿打样：最好的打样方式，最贵的打样方式。

（2）合并层打样：较次于湿打样，参考印刷方式的打样。

（3）数码打样：较便宜，中等质量（看不出陷印），广泛应用。

（4）喷墨打样：色彩范围广，比较精准，套准精度高（陷印效果不明显）。

（5）彩色激光打样：最便宜，质量差，只能检查最基本的定位和排字错误。

考点五 印刷合同（第 128 ~ 129 页）

【单选】商家与印刷商家以书面形式签订合同，内容包括印刷时间、数量、尺寸、色彩、工艺类型、价格、交货方式及时间等信息。

第三节 制作工艺

考点一 印烫工艺（第 129 页）

【单选 / 多选 / 名词解释 / 简答】印烫工艺（表 8-2）。

表 8-2 印烫工艺

印烫工艺	概念
印金、印银	① 金、银油墨吸附能力差，印刷渗透性差，但是遮盖率高。 ② 一般印刷前用常规油墨打底，改善附着力和印刷效果
烫金、烫银	主要材料为电化铝，以涤纶薄膜为基料，表面涂层醇性染色树脂，经真空喷铝，最后涂一层胶合剂而成
覆膜	覆膜是指以透明塑料薄膜通过热压覆贴到印刷品表面，起到保护或增加光泽的作用，广泛应用于书刊封面、画册、纪念册、明信片、产品说明书等进行表面装帧及保护。 覆膜的纸张一般是质量较好的铜版纸、胶版纸、白板纸、布纹纸等。 一般覆膜分：覆光膜或覆亚膜
过胶	过胶可以保护一本书的完整性及使用中不被污染，也可以增加页面的美感。过胶分过光胶和过亚胶两种

同步练习

【2016 年 4 月 • 单选】将透明塑料薄膜通过热压覆贴到印刷品表面，起保护或增加光泽作用的工艺，称为（ ）。

A. 覆膜　　B. 烫金

C. 过胶　　D. 压纹

【答案】A（第 129 页）

考点二　特种工艺（第 129 ~ 130 页）

【多选 / 名词解释 / 简答】特种工艺（表 8-3）。

表 8-3　特种工艺

特种工艺	概念
UV 印刷	UV 印刷是印后工艺，也可以是印刷作业。UV 油墨材料，可增加文字和图片的鲜艳度或浮雕感
压纹	为了印刷设计制作中更大的自由度，也为了节省开支，设计师可舍弃较贵的特种纸，而在印刷成品装订前进行压纹处理工艺，展现页面独特的设计魅力。纸张规格要在 200 g 或 200 g 以上
凹凸工艺	印刷的后道工艺，根据原版制成阴（凹）、阳（凸）模板，通过压力作用，使印刷品表面压印成具有立体感的浮雕状图案和文字。压制纸张不能太薄，要在 200 g 或 200 g 以上

考点三　装订工艺（第 130 ~ 135 页）

【单选 / 填空 / 名词解释 / 简答】装订工艺有哪些？

骑马订：是将印刷成品在其中缝（跨页间）用订书钉装订成册，同时封面、封底、内页页面总数能被 4 整除，按页码顺序装订成册。如用 200g 或 200g 以上的纸，页码达到 20 页以上的文字图片应向中心线略靠拢点。

平订装订：又称铁丝平订，将配好的书芯在订口附近钉上铁丝而成书册的方法。用铁丝订书机完成订书，成本低，效率高。其缺点是订脚紧，书本过厚时，不容易翻阅。

锁线装订：又称串线订，是将已经配好的书帖，按照顺序一帖一帖地串联起来，锁紧成整本书的书芯。

无线胶装：又称胶粘装订，是一种通过自动化胶粘装订的工艺方式，不用铁丝或纤维线，而用自动化粘胶机械来黏合书芯的装订方法。胶粘装订具有速度快，成本低，不占订口等优点。其缺点是受温度影响，容易脱胶散页。胶装书本书芯的厚度一般在 3 ～ 30 mm 之间。

圈装装订：圈装装订以往用于台历较多，现在常用于样本。装订时要预留装订线圈的位置。

装订陷阱：胶装书封面、封底与环衬的粘贴位，如有跨页文字和图片，应向外移 5 ～ 6 mm。线胶装要经过穿线、折页等工艺，因此纸张开版不宜太大，克数不要太厚。

同步练习

1.【2016年10月·单选】将印刷成品在其中缝（跨页间）用订书机装订成册的工艺，称为（　　）。

A. 平订　　B. 骑马订

C. 锁线订　　D. 压订

【答案】B（第131页）

2.【2017年10月·填空】装订工艺有（　　）、（　　）和锁线装订、无线胶装、圈装装订等。

【答案】骑马订、平订装订（第130页）

知识点补充

【单选】主流设计软件有Photoshop（专业图像处理软件）、InDesign（彩色编排软件）、Illustrator（矢量图形软件）、3ds Max（三维立体软件）、PageMaker（彩色编排软件）。

章节训练

一、单项选择题

1. 在印刷结构设计图的绘制中，点划线的含义是（　　）。

A. 开槽线　　B. 外折压痕线

C. 内折叠压痕线　　D. 裁切线

2. 在印刷结构设计图的绘制中，双实线的含义是（　　）。

A. 裁切线　　B. 外折叠痕线

C. 内折叠压痕线　　D. 开槽线

3. 覆膜是指以透明塑料薄膜通过热压覆贴到印刷品表面，起（　　）或增加光泽的作用。

A. 改变　　B. 减少

C. 保护　　D. 美化

4. 一般来说，印刷品越精密，陷印值（　　）。

A. 越大　　B. 越低

C. 不变　　D. 越高

5. 印刷工艺中，为了增加文字和图片的鲜艳度和浮雕感的是（　　）。

A. 过胶　　B. 印金银

C. UV 印刷　　D. 压纹

6. 胶装书本书芯的厚度一般在（　　）之间。

A. 1 ～ 10 mm　　B. 2 ～ 20 mm

C. 3 ～ 30 mm　　D. 4 ～ 40 mm

7. 烫金、烫银主要材料为（　　），以涤纶薄膜为基料，表面涂层醇性染色树脂，经真空喷铝，最后涂一层胶合剂而成。

A. 金属薄膜　　B. 金、银粉

C. 电化铝　　D. 金银油墨

8. 手动设置陷印时，轮廓线宽度一般设置为（　　）。

A. 0.15 Pt　　B. 0.25 Pt

C. 0.35 Pt　　D. 0.45 Pt

9. 压纹工艺要求纸张规格在（　　）。

A. 200 g 或 200 g 以上　　B. 200 g 以上

C. 100 g 以上　　D. 150 g 以上

10. 圈装的每一个版面四周全部要留出出血位，由于圈装打孔需要占用页面一定宽度，版心要偏离订口最少（　　）。

A. 7 ～ 12 mm　　B. 5 ～ 7 mm

C. 7 ～ 10 mm　　D. 10 ～ 12 mm

11. 胶装书封面、封底与环衬页的粘贴位，如有跨页的文字和图片，应向外移（　　）。

A. 5 ～ 6 mm　　B. 5 ～ 7 mm

C. 7 ～ 10 mm　　D. 10 ～ 12 mm

12.（　　）质量差，只能作为基本的定位和排字错误。

A. 湿打样　　B. 数码打样

C. 彩色激光打样　　D. 喷墨打样

13. 印刷产品大致可分为两个阶段：（　　）和生产阶段。

A. 准备阶段　　B. 调整阶段

C. 发展阶段　　D. 出品阶段

二、填空题

1. 处理陷印的规则：所有颜色向黑色扩张、亮色向暗色扩张、__________向青色、品红色扩张、__________和品红色对等地相互扩张。

2. 打样方式有湿打样、__________、 数码打样__________、彩色激光打印机。

3. 特种工艺有UV印刷、__________、__________。

4. 印烫工艺有印金印银、__________、覆膜、__________。

5. 装订工艺有__________ 、 __________和锁线装订、无线胶装、圈装装订等。

三、名词解释

1. 陷印

2. 打样

3. 覆膜

4. 过胶

5. 压纹

6. 上光

7. 骑马订

8. 平订装订

9. 无线胶装

10. 锁线装订

四、简答题

1. 简述印烫工艺。

2. 简述印前检查。

3. 什么叫陷印及陷印处理设置？

4. 简述装订工艺。

参考答案及解析

一、单项选择题

1.【答案】B（教辅材料 104 页）

【解析】在印刷结构设计图的绘制中，点划线的含义是外折压痕线。

2.【答案】D（教辅材料 104 页）

【解析】在印刷结构设计图的绘制中，双实线的含义是开槽线。

3.【答案】 C（第 129 页）

【解析】覆膜是指以透明塑料薄膜通过热压覆贴到印刷品表面，起保护或增加光泽的作用，广泛应用于书刊封面、画册、纪念册、明信片、产品说明书等进行表面装帧及保护。

4.【答案】B（第 126 页）

【解析】一般来说，印刷品越精密，陷印值越低。

5.【答案】C（第 130 页）

【解析】在原印刷品毛坯的基础上，与特种“UV”机组合印刷，印刷透明“UV”或是有色“UV”油墨材料，可增加文字和图片的鲜艳度或浮雕感。

6.【答案】C（第 135 页）

【解析】胶装书本书芯的厚度一般在 3 ～ 30 mm 之间，书芯过薄无法上机，书芯过厚在翻阅时同样容易造成粘胶处脱胶断裂。

7.【答案】C（第 129 页）

【解析】烫金、银，烫印主要材料为电化铝，以涤纶薄膜为基料，表面涂层醇性染色树脂，经真空喷铝，最后涂一层胶合剂而成。

8.【答案】B（第 125 页）

【解析】进行手动设置时，首先对一个图形对象创建 0.25 Pt 的轮廓线，同时将其设置为叠印。

9.【答案】A（第 130 页）

【解析】由于凹凸使用的是传统工艺，有一定的局限性，它所压制的纸张不能太薄，一般需要 200g 或 200g 以上的纸张。

10.【答案】A（第 135 页）

【解析】安排制作时应该注意：圈装的每一个版面四周全部要留出出血位，由于圈装打孔需要占用页面一定宽度，版心要偏离订口最少 7 ～ 12 mm。

11.【答案】A（第 135 页）

【解析】胶装书封面、封底与环衬页的粘贴位，如有跨页的文字和图片，应向外移 5 ～ 6 mm。

12.【答案】C（第 128 页）

【解析】质量最差的打样是采用彩色激光打印机。作为最便宜的打样方法，颜色的准确性很差，会经常造成误导。在很多情况下，这种打样只能作为检查最基本的定位和排字的错误。

13.【答案】A（第 128 页）

【解析】印刷产品大致可分为两个阶段：准备阶段和生产阶段。

二、填空题

1.【答案】黄色、青色

2.【答案】合并层打样、喷墨打样

3.【答案】压纹、凹凸工艺

4.【答案】烫金烫银、过胶

5.【答案】骑马订、平订装订

三、名词解释

1.【答案】陷印亦叫补漏白，又称为扩缩，主要是为了弥补因印刷套印不准所造成的两个相邻的不同颜色之间的间隙或漏白，这样就必须调整各色块的叠色范围，这种色块的交叠或扩展就叫陷印。（第 126 页）

2.【答案】打样是通过一定方法从拼版的图文信息复制出校样的工艺，是印刷工艺中用于检查印前制作质量的必要工序。（第 128 页）

3.【答案】覆膜是指以透明塑料薄膜通过热压覆贴到印刷品表面，起到保护或增加光泽的作用，广泛应用于书刊封面、画册、纪念册、明信片、产品说明书等进行表面装帧及保护。（第 129 页）

4.【答案】过胶可以保护一本书的完整性及使用中不被污染，也可以增加页面的美感。过胶分过光胶和过亚胶两种。（第 129 页）

5.【答案】压纹：为了印刷设计制作中更大的自由度，也为了节省开支，设计师可舍弃较贵的特种纸，而在印刷成品装订前进行压纹处理工艺，展现页面独特的设计魅力。（第 130 页）

6.【答案】一种干净的虫胶或塑料涂在干后的油墨之上，干后起保护及增加印刷品光泽的

作用。（第 136 页）

7.【答案】骑马订是将印刷成品在其中缝（跨页间）用订书钉装订成册，同时封面、封底、内页页面总数能被 4 整除，按页码顺序装订成册。（第 130 页）

8.【答案】平订装订又称铁丝平订，将配好的书芯在钉口附近钉上铁丝而成书册的方法。（第 131 页）

9.【答案】无线胶装是一种通过自动化胶粘装订的工艺方式，不用铁丝或纤维线，而用自动化粘胶机械来黏合书芯的装订方法。（第 134 页）

10.【答案】锁线装订又称串线订，它是将已经配好的书帖，按照顺序一帖一帖地串联起来，锁紧成整本书的书芯。（第 131 页）

四、简答题

1.【答案】（1）印金、印银：金、银油墨吸附能力差，印刷渗透性差，但是遮盖率高；一般印刷前用常规油墨打底，改善附着力和印刷效果；金有各种颜色如蓝金、红金、绿金等。（2）烫金、烫银：主要材料为电化铝，以涤纶薄膜为基料，表面涂层醇性染色树脂，经真空喷铝，最后涂一层胶合剂而成。（3）覆膜是指透明塑料薄膜通过热压覆贴到印刷品表面，起到保护或增加光泽的作用，广泛应用于书刊封面、画册、纪念册、明信片、产品说明书等进行表面装帧及保护。（4）过胶分为过亚胶和光胶两种，它可以保护一本书的完整性及使用中不被污染，也可以增加页面的美感。（第 129 页）

2.【答案】（1）图像检查：① 所有图像不能为 RGB 模式，转为 CMYK（TIFF、EPS 或 PDF）格式。② 不能包含多余的 Alpha 通道。③ 页面边缘需要预留出血 3 mm，靠近装订边图像不需要出血。④ 如果图像是链接而不是嵌入，确保把源图像以独立文件另外发给印刷商。（2）文字检查：① 确认印刷厂拥有设计作品中的所有字体，或者把文字全部转为曲线，避免字体缺失，跳字。② 个别文字如果需要专色印刷，需要另外说明。（3）工艺检查：① 如果作品需要“局部上光”，应该对这部分进行说明。② 如果印刷品需要折叠，那么应在设计稿中注明折叠线。（第 127 页）

3.【答案】（1）陷印亦叫补漏白，又称为扩缩，主要是为了弥补因印刷套印不准所造成的两个相邻的不同颜色之间的间隙或漏白，这样就必须调整各色块的叠色范围，这种色块的交叠或扩展就叫陷印。（2）陷印处理设置，不同的软件有不同的设置方法。解决陷印问题，可在品红色与青色块间设置一个细小的重叠量，这个颜色重叠区称之为陷印的设置。手动设置陷印时，对图形对象创建 0.25 Pt 的轮廓线，同时将其设置为叠印。由于印品各异，印刷方式不同，材料不同，机器精度也有差别，因此陷印值应当根据实际情况决定。一般来说，印品越精密，陷印值越低。（第 125 ～ 126 页）

4.【答案】（1）骑马订：是将印刷成品在其中缝（跨页间）用订书钉装订成册，同时封面、封底、内页页面总数能被 4 整除，按页码顺序装订成册。（2）平订装订：又称铁丝平订，将配好的书芯在订口附近钉上铁丝而成书册的方法。铁丝订是用自动铁丝订书机完成订书。其优点是书脊平整美观，能订住许多单页，成本低，效率高。其缺点是订脚紧，书本过厚时，不易翻阅。（3）锁线装订：又称串线订，它是将已经配好的书帖，按照顺序一帖一帖地串联起来，锁紧成整本书的书芯。为了增加锁线订的牢度，在书脊处再粘一层纱布，然后压平捆紧。不占订口的优先，阅读时容易翻阅。（4）无线胶装：是一种通过自动化胶粘装订的工艺方式，不用铁丝或纤维线，而用自动化粘胶机械来黏合书芯的装订方法。胶粘装订具有速度快、成本低、不占订口等优点，缺点是受温度影响，容易脱胶散页。（5）圈装装订：圈装装订以往用于台历较多，现在常用于样本。装订时要预留装订线圈位置。（6）装订陷阱：胶装书封面、封底与环衬的粘贴位，如有跨页文字和图片，应向外移 5 ～ 6 mm。线胶装要经过穿线、折页等工艺，因此纸张开版不宜太大，克数不要太厚。（第 130 ～ 135 页）